Claudia Martin

Arktis

Leben im arktischen Zirkel

tosa

INHALT

EINLEITUNG

Als eine der letzten verbliebenen Wildnisgebiete der Welt ist die Arktis ein Zeugnis für die Entschlossenheit des Lebens, trotz scheinbar unüberwindbarer Hindernisse zu gedeihen: Schmetterlinge flattern während des kurzen Sommers durch die Tundra, langhaarige Moschusochsen graben unter dem Schnee nach Pflanzentrieben, arktische Bewohner arbeiten und ziehen ihren Nachwuchs bei Wintertemperaturen von bis zu –67 °C auf. Dennoch wachsen die Befürchtungen, dass die Chancen für dieses fragile Ökosystem schlecht stehen. Die Arktis ist besonders anfällig für den Klimawandel. Entsprechende Klimamodelle sagen eine Erwärmung über dem globalen Durchschnitt voraus. Das Meereis des Arktischen Ozeans, die grönländische Eisdecke und der Permafrost, der die Basis der Tundra ist – sie alle sind vom Schmelzen und möglicherweise sogar von Zerstörung bedroht.

Das wachsende Gefühl, dass die Schätze der Arktis dauerhaft verschwinden könnten, hat nicht nur die Augen der Wissenschaftler auf die Region gelenkt, sondern auch eine wachsende Anzahl von Reisenden dazu ermutigt, in diese wunderschöne Wildnis zu reisen – in der Hoffnung, einen Eisbären auf dem fernen Eis zu erblicken oder eine Moltebeere in der Tundra probieren zu können, bevor es zu spät ist.

GEGENÜBERLIEGENDE SEITE

Henry-Kater-Halbinsel

Wollgrassamenköpfe übersäen die sommerliche Tundra.

Baffin Island, Kanada

OBEN

Karibu

Karibus oder Rentiere leben in der gesamten Arktis.

Nunavut, Kanada

ARKTISCHE GEBIETE

Der nördliche Polarkreis, rund 66,6° nördlich des Äquators, verläuft durch Island, Norwegen, Schweden, Finnland, Russland, den US-Bundesstaat Alaska, Kanada und Grönland, ein autonomes Gebiet des Königreichs Dänemarks. In den Gebieten innerhalb des nördlichen Polarkreises sind auch die Sommer kühl. Die Winter sind dunkel, Schnee und Eis bedecken den Boden. Die Durchschnittstemperaturen der gesamten Region liegen unter dem Gefrierpunkt. Während des kurzen Sommers sind die Tage lang, da die Sonne kaum hinter dem Horizont versinkt. Die durchschnittlichen Sommertemperaturen liegen in allen arktischen Gebieten mit Ausnahme des Landesinneren Grönlands über dem Gefrierpunkt. Hier befindet sich der zweitgrößte Eisschild der Welt – nach dem der Antarktis –, der 90 Prozent von Grönland bedeckt. Die höheren Lagen der Arktis sind dauerhaft von Schnee oder Gletschereis bedeckt. An anderer Stelle überwiegt die Tundra, ein Ökosystem, in dem Bäume aufgrund der Kälte und der kurzen Vegetationsperiode nicht richtig wachsen können, sowie die Permafrostschicht, ein dauerhaft gefrorener Boden, der tiefe Wurzeln verhindert. Nur solche Pflanzen wie niedrige Sträucher, Moose und Flechten finden hier die Ressourcen, die sie benötigen. Da die oberste Bodenschicht der Tundra im Sommer schmilzt, kann der Boden matschig werden. Ganz im Süden der Arktis beginnt die Taiga, die sich nach Süden erstreckt und rund um den Globus ein Waldband bildet, in dem Kiefern, Fichten und Lärchen dominieren. Heute sind alle diese Gebiete stark vom Klimawandel betroffen, der zu einem dramatischen Abschmelzen der grönländischen Eisdecke und zum Auftauen des Permafrosts führt.

GEGENÜBERLIEGENDE SEITE

Baffin Island

Kanadas größte Insel ist eine von insgesamt 36 000 Inseln des kanadisch-arktischen Archipels. Baffin Island ist größtenteils eine Tundra, abgesehen von den mit Gletschern bedeckten Bergen. Meereis umgibt die Küste für einen Großteil des Jahres und verschwindet vor der Nordküste nur im Hochsommer, wenn die Temperaturen normalerweise nicht mehr als 10 °C erreichen.

Nunavut, Kanada

Ellesmere Island

Im Quttinirpaaq-Nationalpark liegen diese beiden Gletscher, die nahezu zusammenfließen. In Inuktitut bedeutet Quttinirpaaq „Gipfel der Welt" – ein passender Name für den zweitnördlichsten Nationalpark der Welt nach dem Nordost-Grönland-Nationalpark.

Nunavut, Kanada

LINKS

Wapusk National Park

Dieser Nationalpark liegt in der Übergangszone zwischen Wald und Tundra, an den Ufern der Hudson Bay. Die Population von rund tausend Eisbären an der westlichen Hudson Bay lebt hier im Sommer und Frühherbst und wartet auf die Rückkehr des Meereises der Bucht.

Manitoba, Kanada

RECHTS

Ellesmere Island

Die kleine Gemeinde Grise Fiord liegt an der bergigen Südküste von Ellesmere Island, mit Blick auf den Jonessund, eine 200 km lange Meeresstraße. Die nördlichste zivile Siedlung Kanadas hat rund 130 Einwohner und eine Durchschnittstemperatur von –16,5 °C. Sie ist lediglich durch eine gefährliche, von Bergen gesäumte Landebahn mit dem Rest der Welt verbunden.

Nunavut, Kanada

Campbell Lake

Der Campbell Lake liegt nicht weit von der Stadt Inuvik entfernt im Gwich'in Territorial Park. Hier ist die nördlichste Verbreitungsgrenze für Pflanzen wie Espe und Moosbeere. Während der kurzen Sommersaison wird der Park von Kajakfahrern, Vogelbeobachtern und Campern besucht. Der Dempster Highway bietet Zugang zu Inuvik, außer während des Zu- und Auftauens des Mackenzie River, wenn er weder mit der Fähre noch über Eisbrücken überquert werden kann.

Nordwest-Territorien, Kanada

LINKS

Buchan Gulf

An der Nordostküste von Baffin Island wurde dieser Fjord zwischen steilen Klippen eingeschnitten, die jeweils 600 m über dem Meeresspiegel liegen. Von Anfang April bis Ende September nisten Eissturmvögel auf Felsvorsprüngen, während Narwale und Walrosse durch das eisige Wasser schwimmen.

Baffin Island, Nunavut, Kanada

GEGENÜBERLIEGENDE SEITE

Küste von Banks Island

Das fast ganzjährig von Meereis umgebene Banks Island wurde 1820 nach dem Naturforscher Joseph Banks benannt. Die einzige Siedlung auf der Insel ist Sachs Harbour. Die rund 100 Bewohner leben hauptsächlich von der Jagd und außerdem von der Versorgung der Touristen, die den auf der Insel gelegenen Aulavik-Nationalpark besuchen.

Nordwest-Territorien, Kanada

LINKS

Eisberg vor der Küste von Neufundland

Jedes Jahr kalben große Eisberge von den Gletschern der kanadischen Arktis und Grönlands, treiben dann nach Süden in den Atlantik und schmelzen schließlich vor der Küste von Neufundland und Labrador. Entlang der Küste Neufundlands sind Eisberge am besten Ende Mai und Anfang Juni zu sehen, vor Labrador zwischen März und Juli. Mit zunehmendem Klimawandel passieren immer mehr und immer größere Eisberge diese Regionen.

Kanada

GEGENÜBERLIEGENDE SEITE

Meereis vor Baffin Island

Während ein Teil des Meereises in der kanadischen Arktis jährlich schmilzt und wieder gefriert (einjähriges Eis), bleibt ein anderer Teil des Eises das ganze Jahr über bestehen (mehrjähriges Eis). Die Gewässer des kanadisch-arktischen Archipels, die Beaufortsee und das Kane Basin, weisen das ganze Jahr über Flächen mit Meereis auf. Dieses mehrjährige Eis ist jedoch in den letzten 50 Jahren aufgrund der weltweit steigenden Temperaturen stark zurückgegangen.

Nunavut, Kanada

OBEN

Fitzroy-Gletscher

Devon Island ist mit 55 247 km² die größte unbewohnte Insel der Welt. Der Fitzroy-Gletscher ist einer von mehreren Gletschern der Devon-Eiskappe, welche 14 000 km² umfasst. Dem fast kargen Haughton-Krater der Insel wird eine ähnliche Landschaft wie dem Mars nachgesagt, was schließlich zur Gründung einer NASA-Forschungsbasis führte.

Devon Island, Nunavut, Kanada

GEGENÜBERLIEGENDE SEITE UNTEN

Kivalliq-Region

LINKS Während die südlichen Gebiete Nunavuts ein subarktisches Klima aufweisen, herrscht in weiten Teilen des kontinentalen Nunavuts ein Tundra-Klima. In dieser Zone weist kein Monat eine Durchschnittstemperatur von mehr als 10 °C auf. Hier können spezialisierte Pflanzen wie Wollgras, lappländische Weidenröschen und lila Steinbrech überleben.

RECHTS In der strukturlosen Tundra bauen die Inuit traditionell Steinhaufen, *Inuksuit* genannt, zur Orientierung oder als Markierungen für Jagd- und Schlafplätze. *Inuksuk* (Singular von *Inuksuit*) kommt aus dem Inuktitut und bedeutet „in der Eigenschaft eines Menschen handelnd". *Inuksuit* sind heute ein kulturelles Symbol der Inuit. Die Flagge von Nunavut zeigt einen roten Inuksuk auf gelbem und weißem Hintergrund.

Nunavut, Kanada

UNTEN

Lappland

Lappland, die nördlichste Region Finnlands, ist bei den Samen als Sápmi bekannt. Die Winter sind hier lang, und zwischen November und April ist der Boden schneebedeckt. Abgesehen vom hohen Norden ist der Großteil des Landes von Nadelwäldern bewachsen.

Finnland

GEGENÜBERLIEGENDE SEITE

Nordlichter

In Nordlappland ist das Nordlicht zwischen September und März in klaren Nächten zu sehen. Die Lichter werden durch den Sonnenwind verursacht, der Energie an Gase in der Erdatmosphäre weitergibt, die diese Energie wiederum als Licht abgeben. Das Magnetfeld der Erde leitet den Sonnenwind in Richtung der Pole.

Lappland, Finnland

GEGENÜBERLIEGENDE SEITE

Muonio-Fluss

Der Tornio und sein Nebenfluss, der Muonio, bilden die nationale Grenze zwischen Finnland und Schweden. Diese Grenze wurde im Vertrag von Fredrikshamn von 1809 festgelegt, der den Krieg zwischen Schweden und Russland beendete. Schweden trat Finnland, die Ålandinseln sowie Teile von Lappland und Västerbotten an Russland ab, das diese Gebiete zum Großfürstentum Finnland erklärte – mit eigener Verwaltung, aber unter der Herrschaft des russischen Zaren.

Lappland, Finnland

UNTEN

Lappland

Im Februar, dem kältesten Monat, kann die Temperatur in Lappland auf –30 °C sinken, sie liegt aber normalerweise bei –10 °C. Tiefliegende Gebiete sind von Mooren überzogen, während Kiefern und Fichten die niedrigeren Fjälls bedecken. Die Gipfel der Fjälls, typischerweise nicht höher als 1300 m über dem Meeresspiegel, sind normalerweise baumlos.

Finnland

GEGENÜBERLIEGENDE SEITE

Riisitunturi National Park

Im Winter sind die Fichten, die an vielen Hängen des Riisitunturi-Nationalparks wachsen, Schicht für Schicht mit Frost bedeckt, wodurch ihre Zweige beschwert werden und außergewöhnliche Formen entstehen. Der Park umfasst außerdem unzählige Sümpfe, darunter auch seltene, auf Hügeln gelegene Sümpfe.

Lappland, Finnland

RECHTS

Nordlappland

Lappland ist die größte Region Finnlands, aber mit nur rund drei Prozent der finnischen Bevölkerung besiedelt und stellt somit das am dünnsten besiedelte Gebiet auf dem europäischen Festland dar. Die Gemeinde mit den wenigsten Einwohnern ist Savukoski im Nordosten Lapplands mit nur 0,16 Einwohnern pro km^2. Nach einer finnischen Legende sollen hier auch der Weihnachtsmann und seine Elfen wohnen.

Finnland

UNTEN

Eisberg

Die Disko Bay befindet sich am westlichen Ende des Ilulissat-Eisfjords, der nach Osten zum riesigen grönländischen Eisschild führt. Hier trifft der Fjord auf den Jakobshavn-Gletscher. Von seiner Gletscherzunge lösen sich pro Jahr bis zu 35 Milliarden Tonnen Eismasse ab; einzelne dieser Eisberge können mehrere Kilometer lang und bis zu einem Kilometer hoch sein.

Disko Bay, Grönland

GEGENÜBERLIEGENDE SEITE

Kangerlussuatsiaq Fjord

Dieser Fjord, im Dänischen als Evighedsfjord („Ewigkeitsfjord") bekannt, ist 75 km lang und bis zu 700 m tief. Der Fjord entwässert die Maniitsoq-Eiskappe durch ein enges Tal. Die Berge rund um den Fjord sind Grönlands bevorzugte Ziele für Heliskiing und Klettern.

Grönland

LINKS

Lichteffekte

Die Lichteffekte (Halos) werden durch Eiskristalle in der Atmosphäre verursacht, die das Licht der Sonne brechen. Dieser Halo ist als 22°-Halo bekannt, da kein Licht in einem Winkel von weniger als 22° gebrochen wird, wodurch der Himmel im Ring dunkler wird. Form, Farbe und Größe der Lichteffekte sind abhängig von Größe und Orientierung der Eiskristalle sowie dem Winkel, unter dem das Licht auf die Kristalle trifft.

Grönland

GEGENÜBERLIEGENDE SEITE

Eisberg

Grönländer haben traditionell das Aussehen der Eisberge dazu genutzt, um die Jahreszeiten zu unterscheiden. Die Eisberge aus gefrorenem Süßwasser kalben von den vielen Gletschern, die sich bis zu den Fjorden der Insel erstrecken: der Ilulissat-Eisfjord an der Westküste und der Sermilik-Fjord im Osten. Die Küste Südgrönlands ist auch bekannt für ihre großen schwimmenden Meereisplatten.

Grönland

GEGENÜBERLIEGENDE SEITE

Helheim-Gletscher

Der Helheim-Gletscher kalbt in den Helheim-Fjord, einen Zweig des Sermilik-Fjord-Systems. In Grönland bedeutet Sermilik „Ort mit Gletschern". Helheim, benannt nach der Welt der Toten in der nordischen Mythologie, ist einer der am schnellsten fließenden Gletscher Grönlands: Er bewegt sich mit einer Geschwindigkeit von bis zu 11 km pro Jahr.

Grönland

UNTEN

Scoresby Sund

Der längste Fjord der Welt, Scoresby Sund (auf Grönland als Kangertittivaq bekannt), verläuft über 350 km landeinwärts. Das gesamte Fjordsystem erstreckt sich über eine Fläche von rund 38 000 km² an der südöstlichen Ecke Grönlands. Das Fjordsystem wurde erstmals 1822 von dem englischen Entdecker William Scoresby kartiert.

Grönland

LINKS

Tundra

Wenn die Temperaturen sinken, verwandelt sich die Herbsttundra in einen bunten Flickenteppich aus Moosen, Pilzen und Farnen. Ihre Blumen sind verschwunden, Steinbrech und Grönland-Porst bilden immer noch dicke Matten. Dickichte aus arktischen Weiden säumen Flüsse und Bäche, während Felsen von orangefarbenen, gelben, schwarzen oder weißen Flechten bedeckt sind.

Ilulissat, Grönland

UNTEN

Moltebeeren

Moltebeeren können in Gebieten bis zu 78° nördlicher Breite überleben. Sie wachsen wild in arktischen, subarktischen und gemäßigten Bergzonen. Die rotgoldenen Früchte sind eine Delikatesse in Skandinavien sowie ein Grundnahrungsmittel von Alaskas Yup'ik (Eskimos), die sie als Zutat in *Akutaq* verwenden: Dieses traditionelle Gericht, auch als „alaskische Eiscreme" bekannt, enthält Beeren, Fisch, Tundra-Gemüse und tierisches Fett.

GEGENÜBERLIEGENDE SEITE

Kirkjufell

Dieser 463 m hohe Berg an der Nordküste der isländischen Halbinsel Snæfellsnes erlangte ab 2016 große Bekanntheit, als er in den Staffeln sechs und sieben von *Game of Thrones* zum *Arrowhead Mountain* wurde. Kirkjufell ist ein *Nunatak*, ein hoher Felsen, der stehen geblieben ist, nachdem Gletscher das umliegende Land erodiert haben.

Island

RECHTS

Arctic Henge

Dieses Denkmal des Künstlers Erlingur Thorodsen ist bis zu 11 m hoch und soll als riesige Sonnenuhr und Kalender fungieren, da es die Sonnenstrahlen und Schatten durch seine Tore einfängt. Der Name Arctic Henge ist angelehnt an den Namen Stonehenge. Der isländische Name lautet Heimskautsgerði.

Das Denkmal wurde vom isländischen Gedicht *Völuspá* aus dem 10. Jahrhundert inspiriert, das die Geschichte der Erschaffung der Welt und ihres bevorstehenden Endes erzählt. Die 72 kleinen Blöcke des Denkmals repräsentieren die 72 Zwerge des Gedichts.

Raufarhöfn, Island

Svinafellsjökull-Gletscher

Im Vatnajökull-Nationalpark bildet der Svinafellsjökull eine Zunge von Islands größter Eiskappe, dem Vatnajökull, der sich über 7900 km² erstreckt. Unter der Eiskappe befinden sich mehrere Vulkane, die bei jedem Ausbruch gefährliche *Jökulhlaups* (Sturzfluten) verursachen können.

Island

Jökulsárlón

Dieser große Gletschersee im Vatnajökull-Nationalpark bildete sich 1934/35 durch die Schmelze des Breiðamerkurjökull-Gletschers. Der See hat sich seit den 1970er-Jahren vervierfacht, als sich der Gletscher von der Küste zurückgezogen hat. Mit einer Tiefe von 284 m ist er jetzt der tiefste See Islands. Glaziologen halten es für wahrscheinlich, dass an der Stelle des Sees irgendwann ein tiefer Fjord sein wird.

Island

LINKS

Hamnøy

Der Fischerdorf Hamnøy liegt auf Moskenesøya, nahe dem südlichen Ende des Lofoten-Archipels. Dank des Golfstroms herrscht hier ein relativ mildes Klima. Die traditionellen roten *Rorbu*-Häuser ragen über die Felsen hinaus, mit dem einen Ende auf Stangen gestützt, um den Zugang zu den Fischerbooten zu erleichtern.

Lofoten, Norwegen

UNTEN

Spitzbergen

Spitzbergen ist die größte und einzige dauerhaft bewohnte Insel des Spitzbergen-Archipels, die etwa 1050 km vom Nordpol entfernt liegt. Das Hochland im Inneren der Insel ist permanent mit Eis bedeckt, aber günstige Winde halten die Westküstenfjorde während des größten Teils des Jahres schiffbar.

Spitzbergen-Archipel, Norwegen

LINKS

Strand von Skagsanden

Dieser goldene Sandstrand auf der Insel Flakstadøya ist bekannt für die Wellenmuster, die durch einen Bach entstehen, der über das Ufer zum Meer fließt. Da der Strand nach Nordwesten ausgerichtet ist, ist er ein idealer Ort, um das Nordlicht zu beobachten.

Lofoten, Norwegen

RECHTS

Flakstadøya

Die besten Monate, um das Nordlicht auf den Lofoten zu beobachten, sind Oktober, Februar und Anfang März. Obwohl es genügend Dunkelheit gibt, damit die Lichter am späten Nachmittag gesehen werden können, treten die spektakulärsten Anblicke normalerweise zwischen 20 oder 21 Uhr und Mitternacht auf. Im tiefsten Winter ist das Wetter möglicherweise zu stürmisch, um eine klare Sicht zu erhalten.

Lofoten, Norwegen

Myrland

Der Strand von Myrland („Torflandschaft") überblickt die Nappstraumen-Straße, auf deren anderer Seite sich die Insel Vestvagøya befindet. Gipfel aus eisig erodiertem Granit und Gneis fallen steil ins Meer ab, das hier im Juli eine Oberflächentemperatur zwischen 4 °C und relativ warmen 15 °C aufweist.

Flakstadøya, Lofoten, Norwegen

GEGENÜBERLIEGENDE SEITE

Spitzbergen

In der Nähe von Spitzbergens Hauptsiedlung Longyearbyen am Isfjord befinden sich viele flache *Nunataks* (über das Eis hinausragender Berg), die von unzähligen Gletschern abgetragen wurden. Dieser wärmste und feuchteste Teil des gesamten Archipels liegt am Schnittpunkt von milder, feuchter Luft aus dem Süden und kalter Luft aus dem Norden.

Spitzbergen-Archipel, Norwegen

UNTEN

Trollfjord

Dieser Fjord ist von Bergen bis zu einer Höhe von 1100 m eingerahmt und nach den bösen Trollen der nordischen Mythologie benannt, die sich bei Sonneneinstrahlung in Stein verwandeln sollen. 1890 war der Fjord Schauplatz eines Kampfes um die Fischereirechte zwischen den Betreibern von großen, dampfbetriebenen Schiffen und den Fahrern der traditionellen Nordlandboote.

Austvågøya, Lofoten, Norwegen

UNTEN

Austfonna-Eiskappe

Austfonna ist die drittgrößte Eiskappe in Europa nach der Sewerny-Insel-Eiskappe von Nowaja Semlja, Russland, und dem isländischen Vatnajökull. Austfonna erstreckt sich über 8120 km², mehr als die Hälfte der Insel Nordaustlandet. Die Eisdecke ist im Durchschnitt 235 m und maximal 560 m dick und erreicht eine Höhe von 783 m.

Nordostland, Spitzbergen-Archipel, Norwegen

GEGENÜBERLIEGENDE SEITE

Meereis

Bei seinem Höchststand im Winter erstreckt sich das arktische Meereis bis an die Ostküste von Spitzbergen. Seit 1970 ist die durchschnittliche Wintertemperatur auf dem Archipel um mehr als 7 °C gestiegen. Und seit 1979 ist das arktische Meereis jedes Jahrzehnt um fast 12 Prozent geschrumpft, wobei die Winterreduktion in der Region Spitzbergen und Barentssee am größten ist.

Spitzbergen-Archipel, Norwegen

Hagelsturm

Die Sommer auf den Lofoten sind mild, doch der Spätherbst bringt Stürme, Schnee, Hagel, Schneeregen und Regen. In manchen Wintern ist der Schneefall in den Bergen sehr stark, was das Lawinenrisiko erhöht. Temperaturen unter –10 °C sind selbst an den dunkelsten Wintertagen ungewöhnlich, doch die starken Winde können bitterkalt sein. Im April tauen die Inseln auf, obwohl Stürme und plötzliches Schneegestöber Reisende immer noch überraschen können.

Flakstadøya, Lofoten, Norwegen

GEGENÜBERLIEGENDE SEITE

Ein Sturm klärt sich über Spitzbergen

Auf Spitzbergen treffen kalte Polarluft und wärmere, feuchtere Luft aus dem Süden aufeinander, was auch im Sommer zu starken Winden und plötzlichen, gefährlichen Stürmen führt. Die niedrigste jemals auf dem Archipel gemessene Temperatur betrug –46,3 °C, aber meist liegt sie im Winter bei –20 °C. Während der langen, hellen Sommertage liegt die durchschnittliche Höchsttemperatur bei 7 °C.

Spitzbergen-Archipel, Norwegen

UNTEN

Hohe Wellen

Der Arktische Ozean ist der kälteste der Ozeane. Er hat eine Oberflächentemperatur von etwa –1,8 °C, nahe dem Gefrierpunkt von Salzwasser. Der Ozean ist der Nährboden für heftige arktische Stürme, auch Polarwirbel genannt. Hierbei handelt es sich um Niederdrucksysteme, in denen sich die Luft gegen den Uhrzeigersinn dreht. Der Klimawandel erhöht die Anzahl der Stürme, die zum Aufbrechen des Meereises beitragen, da sie wärmeres Wasser aufwirbeln.

Arktischer Ozean

UNTEN

Franz-Josef-Land

Das Franz-Josef-Land liegt rund 260 km östlich des norwegischen Spitzbergen-Archipels und besteht aus 192 Inseln, die über einen riesigen Ozeanstreifen verstreut sind, der sich 375 km von West nach Ost erstreckt. Der Archipel wird nur von russischem Militärpersonal bewohnt und von sehr wenige Touristen besucht, die in der Regel mit dem Eisbrecher aus Murmansk, Russland, anreisen.

Russland

GEGENÜBERLIEGENDE SEITE

Küste der Laptewsee

Die Laptewsee erstreckt sich von der Küste Sibiriens nach Norden. Dieses Meer, weit entfernt vom sich erwärmenden Atlantik oder Pazifik, hat das extremste Klima aller arktischen Meere. Etwa acht Monate im Jahr ist das Wasser mit Eis bedeckt. Im August kann sich die Küste im Extremfall auf bis zu 34 °C erwärmen, doch sogar dann können plötzliche Schneestürme auftreten.

Russland

UNTEN

Ost-Tschukotka

Der „Autonome Kreis der Tschuktschen", ist die nordöstlichste Region Russlands. Sie ist bergig und dünn besiedelt. Das Zentrum der Region wird von Tundra bedeckt, während die Taiga den Süden einhüllt. Anadyr, das Verwaltungszentrum von Tschukotka, ist die östlichste Siedlung mit Stadtstatus in Russland.

Russland

GEGENÜBERLIEGENDE SEITE

Tschuktschen-Halbinsel

Asiens östlichste Halbinsel grenzt an die Beringstraße, nur 82 km von Cape Prince of Wales in Alaska entfernt. Genetische Analysen haben gezeigt, dass die Tschuktschen-Ureinwohner die engsten asiatischen Verwandten der indigenen Gesellschaften Amerikas sind.

Tschukotka, Russland

Waring Point

Die Wrangelinsel, etwa 140 km von der sibirischen Küste entfernt, war die letzte bekannte Heimat von Wollmammuts, die hier bis 2500–2000 v. Chr. überlebten. Auf der Insel treffen arktische und pazifische Luftmassen aufeinander, was zu starken Winden und Nebel führt. Waring Point ist bekannt für seine großen Brutkolonien von Horn- und Gelbschopflunden, Dickschnabellummen und Eismöwen.

Wrangelinsel, Tschukotka, Russland

UNTEN

Teshekpuk Lake Wetlands

Dieses Gebiet ist ein Thermokarst-Feuchtgebiet, das durch Seen und Sumpflöcher gekennzeichnet ist, die sich beim Auftauen des Permafrosts im Sommer bilden. Hier ist die Heimat einer Karibu-Art *(Rangifer tarandus groenlandicus)* sowie von Bläss-, Ringel-, Kanada- und Schneegänsen.

Alaska, USA

RECHTS

Dalton Highway

Seit 1974 verläuft der Dalton Highway 666 km von Fairbanks in Zentralalaska nach Deadhorse in der Prudhoe Bay des Arktischen Ozeans. Die Straße ist berühmt für ihre haarsträubende Beschaffenheit und erhielt von Truckern charakteristische Namen wie „Oil Spill Hill" (Ölteppichhügel) oder „Roller Coaster" (Achterbahn).

North Slope, Alaska, USA

UNTEN

Brooks Range

Die Brooks Range erstreckt sich über 1100 km über Alaska bis in das kanadische Yukon-Territorium. Durch diese Bergkette verläuft die nördliche Baumgrenze, mit gelegentlichen Beständen von Balsampappel, Zitterpappel und Weißfichte in der Tundra des North Slope. Steigende Temperaturen sorgen jedoch dafür, dass sich hier auch Bäume wie die Schwarzfichte langsam ausbreiten.

Alaska, USA

RECHTS

Gates-of-the-Arctic-Nationalpark

Der Tinayguk-Fluss schlängelt sich durch ein breites Gletschertal im Gates-of-the-Arctic-Nationalpark, dem nördlichsten, zweitgrößten und zugleich am wenigsten besuchten Nationalpark der USA. Der straßenlose Park umfasst die Endicott Mountains in der Brooks Range, Fichten- und Pappelwälder, sowie im Norden weite Teile der Tundra. Im langen Winter erreichen die Temperaturen bis zu –59 °C, aber im kurzen, plötzlichen Sommer kann die Temperatur auf 32 °C ansteigen.

Alaska, USA

GEGENÜBERLIEGENDE SEITE

Point Barrow

Point Barrow ist der nördlichste Punkt der Vereinigten Staaten, 2078 km vom Nordpol entfernt. Die Landspitze ist 15 km nordöstlich der Stadt Utqiaġvik gelegen und trennt die Tschuktschensee im Westen von der Beaufortsee im Osten.

Alaska, USA

UNTEN

Deadhorse

Die Siedlung am Dalton Highway besteht hauptsächlich aus Unterkünften für die Ölarbeiter auf dem nahegelegenen Prudhoe-Bay-Ölfeld, dem größten Erdölvorkommen der USA. Die Stadt hat ihren Namen wahrscheinlich von der Spedition Dead Horse Haulers, die in den 1960er- und 1970er-Jahren ein wichtiger Arbeitgeber in der Region war.

Prudhoe Bay, Alaska, USA

TIERWELT DER ARKTIS

Das Leben in der Arktis ist extrem hart, mit niedrigen Temperaturen, heftigen Stürmen und langen, dunklen Wintern, in denen die Nahrung an Land knapp wird. Trotz dieser unwirtlichen Bedingungen leben innerhalb der Arktis circa 75 Arten von Säugetieren, 240 Vogelarten und 3300 Insektenarten. Die Tiere, die im hohen Norden überleben, haben außergewöhnliche Anpassungen entwickelt, vom langen, warmen Fell des Moschusochsen bis zur dicken Fettschicht des Belugawals. Um dem arktischen Winter zu entkommen, unternehmen arktische Vögel und viele Meeressäuger lange saisonale Wanderungen. Von den Tieren, die den Winter über dort bleiben, überwintern viele unter der Erde oder im Schnee. Andere, wie das Spitzbergen-Rentier, bleiben zwar über der Erde, bewegen sich aber so langsam, dass sie mit ihren Reserven die Kälte überstehen können. Diese über Millionen von Jahren entwickelten Abwehrmechanismen sind den plötzlichen Herausforderungen des Klimawandels nicht gewachsen. Durch die Erwärmung des Arktischen Ozeans schrumpft Jahr für Jahr das Meereis. An Land zieht sich die arktische Tundra zurück, die Baumgrenze rückt nach Norden, Sträucher und Bäume verdrängen Moose und Flechten. Ebenso wandern die Tiere der subarktischen Region nach Norden und setzen die Tundra-Arten dadurch unter Druck. Der Polarfuchs ist eines dieser Opfer. Durch die Ausbreitung des Rotfuchses in Richtung Norden ist er stark bedroht. Darüber hinaus gibt es in der Tundra weitaus mehr Winterniederschläge, die zu einer Eisschicht auf den Pflanzen gefrieren. Die Pflanzen werden so für Pflanzenfresser unerreichbar, wodurch einzigartige arktische Bewohner, wie das Karibu, hungern müssen und in ihrer Existenz bedroht werden.

GEGENÜBERLIEGENDE SEITE

Eisbär

Eisbären sind Meeressäugetiere, die den größten Teil ihres Lebens auf dem Meereis des Arktischen Ozeans verbringen und Robben jagen, ihre Lieblingsbeute. Wenn das Meereis im Sommer schmilzt, bewegen sich die meisten Bären landeinwärts und werden manchmal bis in den Süden Kanadas gesichtet. Das Verbreitungsgebiet des Eisbären umfasst Grönland, den Spitzbergen-Archipel, Nordrussland, Alaska und Kanada.

Spitzbergen-Archipel, Norwegen

GEGENÜBERLIEGENDE SEITE

Eisbär

Eisbären können viele Tage am Stück schwimmen. Ihre dicke Fettschicht hält sie warm und verleiht ihnen Auftrieb. Sie können eine Höchstgeschwindigkeit von bis zu 10 km/h erreichen. Eisbären sind auch dafür bekannt, dass sie kurze Unterwassertauchgänge unternehmen, vermutlich nicht tiefer als sechs Meter und nicht länger als drei Minuten. Die Nasenlöcher der Bären schließen sich unter Wasser.

Thorland, Grönland

RECHTS

Eisbär

Die Stadt Churchill ist berühmt für die vielen hungrigen Eisbären, die im Herbst in Richtung der wieder gefrierenden Hudson Bay ziehen. Sogenannte Problembären, die auf Futtersuche in der Stadt herumlungern, werden in die Polar Bear Holding Facility, eine Art Eisbärengefängnis, gebracht, bis sie wieder auf das Meereis können.

Churchill, Manitoba, Kanada

GEGENÜBERLIEGENDE SEITE

Bartrobbe

Bartrobben sind nach ihren langen, borstigen Schnurrhaaren benannt. Sie sind die größten Seehunde der Arktis, mit einer Länge von bis zu 2,7 m und einem Gewicht von bis zu 430 kg. Zusammen mit Ringelrobben werden sie von Eisbären stark gejagt. Bartrobben kommen in arktischen Küstengewässern sowie an den nördlichen Küsten des Atlantiks und des Pazifiks vor. Diese Robben klettern auf Meereis, um ihre Welpen zur Welt zu bringen und um Muscheln, Tintenfische und Fische in der Nähe oder am Meeresboden zu finden.

Spitzbergen-Archipel, Norwegen

UNTEN

Eisbär

Obwohl ihre Hauptnahrungsquelle Robben sind, fressen Eisbären auch junge Walrosse und tote, angeschwemmte Wale. Wenn die Bären im Sommer und Frühherbst an Land gehen, fressen sie alles, was verfügbar ist, von Beeren, Wurzeln und Eiern bis hin zu Vögeln, Nagetieren und Rentieren. Steigende Temperaturen führen dazu, dass das Meereis zu Beginn des Jahres früher schmilzt. Dadurch werden die Bären auf ihrer Futtersuche immer weiter ins Landesinnere getrieben.

Spitzbergen-Archipel, Norwegen

LINKS

Polarhase

Dieser dicht behaarte Hase hat seine Heimat an den Küsten Grönlands, im kanadischen Arktischen Archipel und im nordöstlichen kontinentalen Kanada. In den südlichen Ausläufern seines Verbreitungsgebiets wechselt der Hase im Sommer sein weißes Fell und es wächst braunes bis graues Haar nach. Weiter nördlich, wo die Sommer sehr kurz sind, bleibt es das ganze Jahr über weiß.

Baffin Island, Kanada

RECHTS

Alaska-Elch

Dieser große Elch, in Kanada als Yukon-Elch bekannt, lebt in Taiga- und Laubwäldern in Alaska und im kanadischen Yukon-Gebiet. Bei einem ausgewachsenen Elchbullen kann das Geweih einen Durchmesser von bis zu 2,1 m erreichen. Das Geweih wird als Zeichen von Dominanz und in Kämpfen mit rivalisierenden Männchen verwendet. Nach der Paarungszeit werfen die Männchen ihr Geweih ab, um während des Winters Energie zu sparen.

Alaska, USA

OBEN

Bisamratte

Dieses Nagetier ist ursprünglich in Nordamerika beheimatet und hat sich später über fast ganz Europa und Asien ausgebreitet. Die Bisamratte hält im Winter keinen Winterschlaf. Wenn der Boden von Schnee und Eis bedeckt ist, muss sie unter Wasser nach Nahrung suchen. Dazu bohrt sie mit ihren scharfen Zähnen Löcher in die gefrorene Wasseroberfläche.

Kanada

UNTEN

Moorfrosch

Der Moorfrosch ist einer von nur fünf Amphibien (drei weitere Frösche plus der Sibirische Winkelzahnmolch), die nördlich des Polarkreises zu finden sind. Sein Verbreitungsgebiet erstreckt sich von Mitteleuropa bis Zentralasien und umfasst so unterschiedliche Lebensräume wie Tundra, Wald und Steppe. Im hohen Norden halten diese Frösche zwischen September und Juni Winterschlaf.

Finnland

GEGENÜBERLIEGENDE SEITE

Beluga-Wal

Dieser arktische und subarktische Wal hat sich mit seiner weißen Haut und dem Fehlen einer Rückenflosse – was es ihm ermöglicht, dicht unter dem Eis zu schwimmen – gut an das Leben in eisbedeckten Meeren angepasst. Sein Körpergewicht besteht bis zur Hälfte aus Fett, das als Energiereserve dient und ihn warm hält. Der relativ kurze Kopf besitzt eine vorgewölbte Verdickung, die ein „Melone" genanntes Organ enthält. Die Melone dient der Echoortung und moduliert die Laute des Wals.

Somerset Island, Nunavut, Kanada

GEGENÜBERLIEGENDE SEITE

Sibirischer Husky

Diese robusten, mit dickem Fell ausgestatteten Hunde sollen von den Tschuktschen im Nordosten Sibiriens als Schlittenhunde gezüchtet worden sein. Sie halten Temperaturen von bis zu –60 °C stand. Huskys haben eine starke Rudelmentalität und einen hohen Beutetrieb, sind aber normalerweise nicht territorial, d.h. sie verteidigen ihr Revier nicht. Die meisten Huskys heulen oder jaulen, anstatt zu bellen.

Oblast Murmansk, Russland

RECHTS

Papageientaucher

Im Frühjahr brütet der Papageientaucher an den arktischen Küsten Russlands, Skandinaviens, Islands, Grönlands und Kanadas sowie rund um den Nordatlantik. Ähnlich wie andere Mitglieder der Alkenvögel-Familie sind Papageientaucher Hochgeschwindigkeits-Unterwasserschwimmer, die tief tauchen, um Fische wie Kabeljau und Hering zu fangen.

Troms og Finnmark, Norwegen

GEGENÜBERLIEGENDE SEITE

Eurasischer Elchbulle

Der Elch ist das größte Mitglied der Hirschfamilie. Die Unterart der eurasischen Elche kommt von Norwegen bis Nordrussland vor. Nur den Männchen wachsen Geweihe, deren Größe und Symmetrie das Alter und die Gesundheit des Tieres widerspiegeln. Die Form ihres Geweihs erinnert an eine Muschel. Weibliche Elche wählen einen Partner entsprechend der Geweihgröße aus.

Lappland, Schweden

UNTEN

Eurasische Elchkuh mit Kalb

Im Gegensatz zu anderen Hirschen sind Elche Einzeltiere, abgesehen von Müttern und Kälbern, die bis kurz vor einer erneuten Geburt der Mutter zusammenbleiben. Kälber werden im Mai oder Juni geboren, bereit für die wärmsten Sommermonate. Junge Elche und geschwächte Erwachsene sind immer der Gefahr ausgesetzt, von Braunbären, Vielfraßen und – in Teilen ihres Verbreitungsgebiets – von Wölfen angegriffen zu werden.

Lappland, Schweden

UNTEN

Polarrötelmaus

Die Lebensräume dieser kleinen Wühlmäuse sind Taiga, Buschland und Tundra in Alaska, Kanada, Skandinavien und Nordasien. Im Winter bauen sie lange Tunnel unter dem Schnee und nutzen Moosschichten als Wärmequelle. Polarrötelmäuse fressen Beeren, Blätter, Moose, Flechten und Insekten.

Tschukotka, Russland

UNTEN

Europäisches Reh

Das Verbreitungsgebiet der europäischen Rehe reicht vom Norden des Polarkreises bis in den Süden des Iran. Nach der Paarung im Juli schwimmen die befruchteten Eier fünf Monate lang in der Gebärmutter des Weibchens, bevor sie sich einnisten – eine Fortpflanzungsstrategie, die als verzögerte Implantation bekannt ist. Ohne ein Junges füttern zu müssen, haben die Weibchen genügend Reserven, um den Winter zu überstehen, wenn die Nahrung knapper ist. Die Jungen werden Ende Mai geboren, wenn wärmeres Wetter ihnen eine gute Überlebenschance gibt.

Norwegen

RECHTS

Nordamerikanischer Braunbär

Ein erwachsener männlicher „Grizzly" kann bis zu 360 kg wiegen. Im Durchschnitt misst ein Grizzly etwa 2 m. Das meist braune Fell der Bären ist an den Beinen dunkler und an den Flanken sowie auf dem Rücken gefleckt. Typisch für das Haarkleid der Braunbären ist ein dichtes Unterhaar mit langen Deckhaaren. Das Fell verändert sich mit den Jahreszeiten, so ist das Winterfell dicht und rau und wirkt eher zottelig. Diese Unterart des Braunbären lebt in Alaska und im Westen Kanadas, mit kleinen Populationen in Montana, Wyoming und Idaho.

Yukon, Kanada

OBEN

Polarfuchs im Winter

Der Polarfuchs lebt in den Tundra-Regionen des Polarkreises. Um Körperwärme einzusparen, hat er kurze Beine, eine gedrungene Schnauze und kleine Ohren sowie einen abgerundeten, kompakten Körper. Das Fell dieses Fuchses ist dicht und mehrschichtig, seine Fußballen sind ebenfalls mit Fell bedeckt. Die Ernährung des Polarfuchses besteht vor allem aus Wühlmäusen, Lemmingen, Hasen, Vögeln und deren Eiern sowie Aas.

Nunavut, Kanada

UNTEN

Polarfuchs im Sommer

Mehr als 90 Prozent der Polarfuchspopulation haben eine saisonale Tarnung mit einem fast vollständig weißen Fell im Winter, das im Sommer braun und grau wird. Aufgrund einer Genvariante bleibt der Rest der Population das ganze Jahr über dunkelblau, braun oder grau, wird aber im Winter etwas blasser.

Grönland

RECHTS

Karibu

Diese Rentier-Unterart lebt in der Tundra von Westgrönland und Nordkanada, wo sie sich von Flechten, Seggen, Gräsern, Zweigen und Pilzen ernährt. Der Klimawandel, der im Winter zu vermehrtem Regen führt, wirkt sich auf die Hauptnahrungsquelle des Karibus, die Flechte, aus. Diese wird weniger nahrhaft und ist zudem häufig unzugänglich unter Eisschichten eingeschlossen.

Nordwest-Territorien, Kanada

LINKS

Kanadischer Luchs

Dickes Fell und breite Pfoten ermöglichen es diesem Luchs, die Kälte und den Schnee der alaskischen und kanadischen Taiga zu überstehen. Sein Verbreitungsgebiet reicht von der arktischen Baumgrenze bis in den Norden der Vereinigten Staaten. Obwohl dieser Luchs auch tagsüber gesichtet werden kann, ist er eher nachtaktiv, wie seine bevorzugte Beute, der Schneeschuhhase.

Nordwest-Territorien, Kanada

GEGENÜBERLIEGENDE SEITE OBEN

Schnee-Eule

Im Sommer nistet die Schnee-Eule auf einem Hügel oder Felsen in der arktischen Tundra Nordamerikas oder Eurasiens.
Im Winter fliegt sie bis zu 3000 km nach Süden. Sie ist eine der größten Eulenarten mit einer Flügelspannweite von bis zu 1,5 m. Die Beute besteht meist aus kleinen Säugetieren wie Mäusen, vor allem aber aus Lemmingen. Die Schnee-Eule kann aber auch Tiere bis zur Größe von Schneehasen und Enten erbeuten. Kleine Beutetiere verschluckt sie im Ganzen und würgt die unverdaulichen Teile, wie Knochen, Zähne, Fell oder Federn, später wieder heraus.

Manitoba, Kanada

RECHTS

Vielfraß

Der stämmige, scharfzahnige Vielfraß wird bis zu 107 cm lang. Er kann Beute töten, die viel größer ist als er selbst, wie Hirsche, Bisons und Elche. Im Winter kann sich der Vielfraß auf dem Schnee seiner Beute fast geräuschlos nähern, ohne einzusinken. Im Sommer macht er eher Jagd auf kleinere Tiere, wie Kanada-Luchse, Lemminge und Maulwürfe. Sein größter Feind ist der graue Wolf, mit dem er heftige Kämpfe austrägt.

Lappland, Finnland

LINKS

Moorschneehuhn

Dieser Moorschneehahn erscheint in seinem geröteten Frühlingskleid, um ein Weibchen anzulocken. Im Sommer wird sein Federkleid vollständig braun sein, bevor es für den Winter in vollständiges Weiß übergeht. Im Sommer ernährt sich das Moorschneehuhn von Beeren, Blumen und Samen, aber im Winter kann es sich auch nur von Zweigen ernähren.

Troms og Finnmark, Norwegen

GEGENÜBERLIEGENDE SEITE

Küstenseeschwalben und Dreizehenmöwen

Küstenseeschwalben sind die Zugvögel mit der längsten Zugstrecke, da sie in der Arktis brüten und in der Antarktis überwintern. Dabei legen sie eine Strecke von bis zu 30 000 km zurück – einzelne Vögel sogar bis 90 000 km in einem Jahr. Küstenseeschwalben erleben jedes Jahr zwei Sommer, wobei sie während des nördlichen Sommers an den Küsten des Arktischen Ozeans und des nördlichen Atlantiks und Pazifiks brüten und dann den südlichen Sommer über dem Südlichen Ozean verbringen. Dreizehenmöwen haben ein ähnliches Brutgebiet, aber kommen im Winter nur bis zum nördlichen Pazifik und Atlantik.

Spitzbergen-Archipel, Norwegen

UNTEN

Kreuzotter

Die Kreuzotter kommt weiter nördlich vor als jede andere Schlange und ist vom Polarkreis in Skandinavien bis nach Griechenland anzutreffen. Sie frisst Vögel, Eidechsen, Frösche, Wühlmäuse und wirbellose Tiere. Im hohen Norden ihres Verbreitungsgebietes hält die Kreuzotter einen achtmonatigen Winterschlaf.

Schweden

GEGENÜBERLIEGENDE SEITE LINKS

Arktisches Erdhörnchen

Dieses Erdhörnchen lebt im arktischen und subarktischen Nordamerika und im nordöstlichen Russland. Für seinen mindestens sechs Monate langen Winterschlaf hat es seinen Bau mit Flechten, Blättern und Moschusochsenhaaren ausgekleidet.

Yukon, Kanada

RECHTS

Eurasischer Luchs

Diese große Luchsart ist in der Taiga und in der Steppe zu finden, mit einem riesigen Verbreitungsgebiet, das von Norwegen bis China und vom Polarkreis bis zum Himalaya reicht. Sein Jagdgebiet, in dem er Hasen, Kaninchen, Hirsche und Rentiere sucht, kann bis zu 450 km² groß sein.

Finnland

LINKS

Schneeschuhhase

Der Schneeschuhhase ist nach seinen breiten, pelzigen Füßen benannt, die verhindern, dass er im weichen Schnee versinkt. Er lebt in Alaska, Kanada und den Rocky Mountains sowie in den Appalachen. Der Schneeschuhhase hält keinen Winterschlaf. Sein Fell wechselt im Winter von braun zu weiß, wodurch er im Schnee gut getarnt ist.

Alaska, USA

GEGENÜBERLIEGENDE SEITE

Moschusochse

Der Moschusochse kommt hauptsächlich in der kanadischen Arktis und in Grönland vor und hat eine Schulterhöhe von bis zu 1,5 m. Sowohl die männlichen als auch die weiblichen Tiere haben lange, gebogene Hörner. Das dicke, gestreifte Fell des Moschusochsen hat lange Schutzhaare, die fast bis zum Boden reichen. Die Wolle, in Inuktitut als *qiviut* bekannt, wird für ihre Weichheit und Wärme geschätzt. Die Art ist nach dem starken Geruch benannt, den die Männchen in der Paarungszeit absondern.

Nunavut, Kanada

UNTEN

Narwale

Der im Arktischen Ozean beheimatete Narwal ist ein Zahnwal. Zusammen mit dem verwandten Weißwal bildet er die Familie der Gründelwale. Er ernährt sich hauptsächlich von Plattfischen, nach denen er am Meeresboden unter dem Meereis taucht. Im Winter findet man diese Wale normalerweise in Familien oder Gruppen von fünf bis 20 Tieren vor, im Sommer können sie jedoch in Gruppen von bis zu tausend Tieren zusammenkommen.

Baffin Island, Nunavut, Kanada

GEGENÜBERLIEGENDE SEITE

Narwal

Das hervorstechende Merkmal der Männchen ist ihr Stoßzahn. Er ist eigentlich ein Eckzahn, der aus dem linken Oberkiefer durch die Lippe des Wals in Form einer korkenzieherähnlichen Spirale herausragt. Der Stoßzahn wächst lebenslang und wird bis zu 3,1 m lang. Beim Männchen sind zwar weitere Zähne im Kiefer angelegt, diese entwickeln sich jedoch in der Regel nicht weiter. Sollte dies dennoch passieren, dann können sich auch zwei Stoßzähne ausbilden. Auch einem Weibchen kann in seltenen Fällen ein Stoßzahn wachsen, der dann allerdings kürzer ist als beim Männchen.

Nunavut, Kanada

GEGENÜBERLIEGENDE SEITE

Orca

Der Orca ist der größte aus der Familie der Delphine und bis zu 8 m lang. Er kommt in allen Ozeanen vor, wird aber im Winter normalerweise nicht im Arktischen Ozean gesehen. Die globale Erwärmung führt jedoch dazu, dass sich die Reichweite des Orcas weiter in die Arktis hinein erstreckt und das über einen längeren Zeitraum. Beutetiere dieses gefährlichen Raubtiers, das oft in der Gruppe jagt, sind Wale, Robben, Möwen und Fische.

Kanada

UNTEN

Orca

Die Rückenflosse des Orcas ist bis zu 1,8 m hoch, wobei die Männchen doppelt so hohe Flossen haben wie die Weibchen. Aufgrund seiner Größe und Stärke erreicht er eine Schwimmgeschwindigkeit von 56 km/h. Um beim Tauchen Sauerstoff zu sparen, sinkt der Herzschlag des Orcas von etwa 60 Schlägen pro Minute auf 30. Bei der Suche nach Nahrung, vorwiegend von Hering, können Orcas bis in 100 m Tiefe tauchen.

Russland

LINKS

Dall-Schaf (Alaska-Schneeschaf)

Dieses Schaf lebt wild in den Bergen von Alaska und im Westen Kanadas. Es hält sich meistens zwischen felsigen Bergrücken und steilen Hängen auf, damit weniger trittsichere Raubtiere nicht folgen können. Die Männchen, die bis zu 1,4 m lang werden, haben dickere, gewelltere Hörner als die Weibchen. Im Winter ernähren sich diese Schafe von Flechten, Moos und gefrorenem Gras, dort, wo der Schnee weggeweht wurde.

Alaska, USA

UNTEN

Perlmutterfalter

Ein Schmetterling ernährt sich von Sumpfporst, einem Heidekrautgewächs, das in der Moos- und Flechten-Tundra weit verbreitet ist. Von allen 17 500 Schmetterlingsarten der Welt kommen nur wenige Dutzend innerhalb des Polarkreises vor, und noch weniger in der Hocharktis. Schmetterlinge sonnen sich oft an warmen Sommertagen und absorbieren Wärme durch ihre Flügel.

Tschukotka, Russland

UNTEN

Waldfrosch

Der einzige nordamerikanische Frosch, der nördlich des Polarkreises zu finden ist, hat sich an die kalten Bedingungen seines Verbreitungsgebietes angepasst. Er hat die Fähigkeit entwickelt, die Flüssigkeit zwischen seinen Gewebezellen im Winter bei Temperaturen von bis zu −5 °C zu einem Drittel einfrieren zu lassen – weshalb er auch „Eisfrosch" genannt wird. Damit seine Körperzellen dabei nicht beschädigt werden, produziert er Harnstoff und Glukose, die wie ein körpereigenes Frostschutzmittel wirken. Der Waldfrosch brütet in Süßwassertümpeln, meist in Wäldern oder Waldgebieten.

Alaska, USA

UNTEN

Waldeidechse

Diese Eidechse kommt weiter nördlich als jedes andere Reptil vor und ist von Finnland bis Spanien und von Irland bis China verbreitet. Die nördlichen Populationen haben sich an den kälteren Lebensraum angepasst, indem sie lebendgebärend sind, d. h. lebende Jungtiere zur Welt bringen, anstatt wie die meisten Eidechsen Eier zu legen. Diese Anpassung erhöht die Chancen auf eine erfolgreiche Reproduktion in einem kalten Klima. Nördliche Populationen halten auch einen Winterschlaf.

Finnland

UNTEN

Sibirischer Lemming

Dieses Nagetier hält keinen Winterschlaf, sondern schützt sich meist in seinem Bau unter dem Schnee vor der eisigen Kälte. Es ernährt sich von Pflanzen wie Gras, Moos und Beeren, während er nach seinen Feinden, der Schnee-Eule und dem Polarfuchs, Ausschau hält. Alle vier Jahre vermehren sich die Lemminge massenhaft. Auf der Suche nach Nahrung gehen sie dann auf Wanderschaft, die viele von ihnen nicht überleben.

Wrangelinsel, Russland

RECHTS

Polarwolf

Der Polarwolf lebt nördlich der Baumgrenze auf den kanadischen Queen Elizabeth Islands und ist eine Unterart des grauen Wolfs. Er jagt Moschusochsen ebenso wie kleinere Säugetiere, Käfer und Vögel. Da diese Wölfe selten Menschen zu Gesicht bekommen, haben sie auch keine Angst, wenn sie einmal einem begegnen, und nähern sich ihm möglicherweise vorsichtig.

Nunavut, Kanada

LINKS

Rotfuchs

Der Rotfuchs kommt von Nordafrika bis zum Polarkreis sowohl in Eurasien als auch in Nordamerika vor, fehlt aber auf den arktischen Inseln und Grönland. Er ist ein opportunistischer Allesfresser, der unzählige Kleintierarten sowie Früchte, Nüsse und Gräser frisst. Mit seinem größeren Körperbau dominiert diese Art andere Füchse. So lebt der Polarfuchs nur deshalb nördlich des immer größer werdenden Verbreitungsgebietes des Rotfuchses, um Konkurrenz zu vermeiden.

Tschukotka, Russland

GEGENÜBERLIEGENDE SEITE

Gebirgsrentier

Norwegens Bestand an wildlebenden Bergrentieren liegt bei etwa 80 000 Tieren. Mit einem Gewicht von bis zu 150 kg hat dieses Rentier nur wenige natürliche Feinde, aber Angriffe von Luchsen, Vielfraßen, Braunbären und gelegentlich Wölfen können durchaus vorkommen. Das Winterfell des Bergrentiers ist cremefarben bis hellbraun, während das Sommerfell dunkelbraun ist.

Troms og Finnmark, Norwegen

GEGENÜBERLIEGENDE SEITE

Männliches Walross

Das Walross lebt in den Küstengewässern des Arktischen Ozeans und im äußersten Norden des Atlantischen und Pazifischen Ozeans, wo es nach am Boden lebenden Schalentieren jagt. Sowohl männlichen als auch weiblichen Walrossen wachsen Stoßzähne, die eine Länge von 1 m erreichen können. Die Stoßzähne werden verwendet, um Löcher in das Meereis zu bohren oder um sich aus dem Wasser auf rutschiges Eis zu ziehen, bzw. bei den Männchen auch zum Kämpfen.

Spitzbergen-Archipel, Norwegen

UNTEN

Walrosse

Die Landzunge von Poolepynten beherbergt eine große Walrosskolonie. Im Sommer verbringen die Männchen hier lange Stunden am Strand, während sich ihr Fell mausert. Walrosshaut ist besonders zäh und bis zu 4 cm dick. Zum Schutz gegen die Stoßzahnstöße rivalisierender Männchen haben Walross-Männchen die dickste Haut an Hals und Schultern.

Poolepynten, Prins Karls Forland, Spitzbergen-Archipel, Norwegen

LINKS

Eisgraues Murmeltier

Das Eisgraue Murmeltier ist ein großes Erdhörnchen, das wegen seines hohen Warnrufs an andere Mitglieder seiner Kolonie auch als „Pfeifschwein" bekannt ist. Sein Name bezieht sich auf sein eisgraues Fell auf den Schultern und dem oberen Rückenbereich.

Yukon, Kanada

GEGENÜBERLIEGENDE SEITE LINKS OBEN

Schneehase

Der Schneehase wiegt etwa drei Kilogramm und wird bis zu 60 cm lang, ist also etwas kleiner als der Feldhase. Im Winter hat der Schneehase ein fast komplett weißes Fell, im Sommer wechselt es zu Braun, wobei der Schwanz weiß bleibt. Lebensraum der Schneehasen sind Tundra, Wälder und Moore. Sie sind vorwiegend nachtaktiv und verbringen den Tag in einer Grube im Schnee oder im Erdboden.

Russland

GEGENÜBERLIEGENDE SEITE LINKS UNTEN

Nordische Wühlmaus

Das Verbreitungsgebiet der Nordischen Wühlmaus erstreckt sich vom Nordwesten Kanadas über Alaska, von Nordasien bis nach Skandinavien. Im Winter gräbt diese Wühlmaus Tunnel durch den Schnee, während sie sich im Sommer ihren Weg durch das Gras bahnt, auf der Jagd nach Samen und Wurzeln, die sie in ihrem Bau lagert.

Alaska, USA

UNTEN

Sattelrobbe

Sattelrobben werden mit einem rein weißen Fell geboren, das sich ab der ersten Mauser zu verdunkeln beginnt. Um mit dem Blendlicht der vom Meereis reflektierten Sonne fertig zu werden, haben diese Robben Augen mit sehr beweglichen Pupillen, die sich schnell zusammenziehen können.

Grönland

LEBEN IN DER ARKTIS

Die Arktis ist vermutlich seit rund 20000 Jahren bewohnt. Heute leben in der Region etwa vier Millionen Menschen, von denen sich 10 Prozent selbst als Angehörige einer indigenen Gruppe bezeichnen. Zu den indigenen arktischen Gruppen gehören unter anderem die Iñupiat und Gwich'in in Alaska, die Inuit in Kanada und Grönland, die Sámi in Nordskandinavien und Westrussland und die Tschuktschen, Nenzen, Dolganen und Chanten in Russland. Alle diese Gruppen haben sich an das raue Klima und die spärlichen Ressourcen der Arktis angepasst, nicht nur durch ihre Kleidung, Transportmittel und Behausung, sondern auch durch ihre sozialen Bindungen, Erzählungen und Perspektiven. Da in den meisten Teilen der Arktis keine Landwirtschaft betrieben werden kann, überleben sie durch Fischen, Jagen, Hütearbeit und Sammeln von Wildpflanzen.

Im Laufe der Jahrtausende hat die Arktis viele Neuankömmlinge gesehen, einige kurze Besucher und andere, die dauerhaft Wurzeln geschlagen haben. Die Wikinger ließen sich vor etwa tausend Jahren in Grönland nieder. Während des Zeitalters der Entdeckungen drängten europäische Abenteurer, Walfänger und Kaufleute nach Norden. Entlang der Küsten wuchsen Handelsposten und Häfen. Manche Bewohner der Arktis leben heute immer noch so wie ihre Vorfahren, andere wohnen mittlerweile in Städten und Gemeinden. Sowohl diejenigen, die einem traditionellen Lebensstil folgen, als auch die Stadtbewohner sind existenziellen Bedrohungen durch Klimawandel, Industrialisierung und Globalisierung ausgesetzt. Infolgedessen haben sich die meisten indigenen Gruppen politisch organisiert, um ihr Land, ihre Kultur und ihre Rechte auf Ressourcen zu verteidigen.

GEGENÜBERLIEGENDE SEITE

Saqqaq

Saqqaq ist eine Siedlung im Westen Grönlands mit ca. 130 Einwohnern. Ausgrabungen in der Ortschaft und in der umliegenden Region haben Überreste der sogenannten Saqqaq-Kultur freigelegt, die hier von ca. 2500 v. Chr. bis 800 v. Chr. ansässig war. Die DNA-Sequenzierung an den gefrorenen Überresten eines Einheimischen, der um 2000 v. Chr. lebte, zeigte, dass er mit den indigenen Gruppen Nordostrusslands verwandt war.

Grönland

GEGENÜBERLIEGENDE SEITE

Verlassene Hütte

Seit 3500 Jahren leben die Sámi im hohen Norden Norwegens, einem Teil der Sápmi-Kulturregion, die sich über Nordnorwegen, Schweden, Finnland und Westrussland erstreckt. Traditionell lebten die Sámi von Rentierzucht, Fischfang und Fallenjagd. Heute sind nur rund 10 Prozent von ihnen in der Rentierhaltung tätig, während viele in Städten in Sápmi und anderswo leben. Die Sprache und Kultur der Sámi am Leben zu erhalten, wie das Singen von Joik-Gesängen und das Schnitzen mit Geweih und Knochen, ist für viele Sámi von entscheidender Bedeutung.

Troms og Finnmark, Norwegen

UNTEN

Rentierkennzeichnung

Jeden Sommer müssen samische Rentierhirten jedes ihrer neuen Kälber markieren. Die im Mai geborenen Kälber werden zuerst in einem Gehege eingepfercht. Mit einem Messer schnitzt der Hirte sein Familienzeichen, das über viele Generationen weitergegeben wurde, in das Ohr des Tieres. Dabei werden verschiedene Kombinationen von Kerben an der Ohrober- und -unterkante eingeschnitten. In Norwegen und Schweden ist die Rentierhaltung heute als ausschließlich samischer Lebensunterhalt gesetzlich geschützt, sodass nur Menschen mit einer Verbindung zu einer samischen Hütefamilie Rentiere besitzen können.

Troms og Finnmark, Norwegen

GEGENÜBERLIEGENDE SEITE

Rentierhaltung

Die Tschuktschen sind die Ureinwohner der Tschuktschen-Halbinsel im Fernen Osten Russlands. Heute leben in der Region rund 15 000 Menschen, die sich als Tschuktschen bezeichnen. Die Küsten-Tschuktschen lebten traditionell von der Jagd auf Wale und Robben, aber in der Tundra im Landesinneren war die Rentierhaltung ihr primäres Überlebensmittel.

Tschukotka, Russland

UNTEN

Bewegliches Lager

Die Mehrheit der Dolgan lebt auf der Taymyr-Halbinsel im hohen Norden Zentralrusslands. Traditionell waren die Dolgans nomadische Rentierhirten und -jäger, doch während der Sowjetzeit wurde ihr nomadischer Lebensstil eingeschränkt. Heute praktizieren einige wieder die alte Lebensweise und transportieren ihre Häuser, die *baloks*, von einer Weidefläche zur anderen. Die leichten Holzbaloks mit Holzöfen sind auf Kufen gebaut.

Taymyr-Halbinsel, Russland

UNTEN LINKS

Schneesturm

Schneestürme treten im arktischen Winter häufig auf. Lediglich im Hochsommer lassen die plötzlichen Stürme nach. Der Lebensstil und die Kultur der arktischen indigenen Völker sind an solch extreme Bedingungen angepasst und die jüngeren Bewohner der Region haben sich ein Beispiel an ihnen genommen. Dennoch werden heutzutage von den Langzeitbewohnern der Arktis moderne Isolierstoffe, Heizsysteme und Transportmittel gerne genutzt.

Nunavut, Kanada

UNTEN RECHTS

Extreme Kälte

Ein Thermometer zeigt –12 °C außerhalb einer norwegischen Hütte an. Das riesige, von Tundra bedeckte Finnmarksvidda-Plateau in der Region Sápmi hat ein kontinentales Klima. Finnmarksvidda ist mit einer Fläche von etwa 22 000 km² das größte Hochplateau Norwegens. Hier wurde auch die kälteste Wintertemperatur in ganz Norwegen registriert: –51,4 °C. Das Gebiet hat eine extrem niedrige Bevölkerungsdichte von 1,55 Einwohnern pro km².

Troms og Finnmark, Norwegen

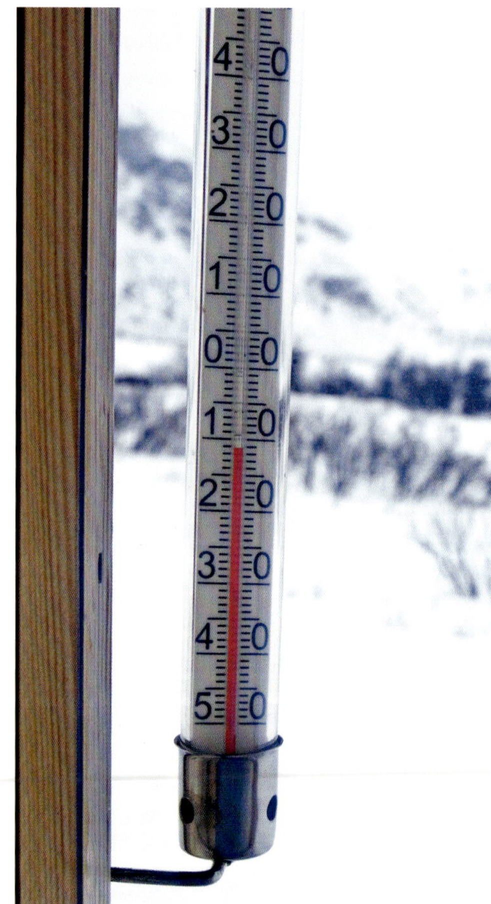

RECHTS

Yaranga

Ein *yaranga* der Tschuktschen ähnelt in seiner Struktur einer mongolischen Jurte. Ein Yaranga besteht aus einem leichten, kreisförmigen Holzrahmen, der fest in den Boden getrieben und mit Rentierfellen bedeckt ist. Für das Dach werden schlanke Stangen durch horizontale Ringe gebündelt. Da ein Yaranga schwer zu erwärmen ist, wird im Inneren ein kleinerer Raum abgeteilt, in dem die Familie doppelt isoliert ist.

Tschukotka, Russland

LINKS

Lachsfischen

Traditionell umfasst die Ernährung der Inuit nur die Lebensmittel, die vor Ort gefischt, gejagt oder gesammelt werden können. Dies führte zu einer protein- und fettreichen, aber kohlenhydratarmen Ernährung. Gräser, Wurzeln, Beeren und Algen waren die einzigen Pflanzenstoffe. Seit etwa 1980, als importierte oder im Gewächshaus angebaute Lebensmittel in größerem Umfang verfügbar wurden, ist die grönländische Ernährung abwechslungsreicher geworden, vor allem in Nuuk und anderen größeren Städten.

Tiniteqilaaq, Grönland

GEGENÜBERLIEGENDE SEITE LINKS

Fischfallen

Rund 6800 Grönländer bzw. 12 Prozent der Bevölkerung sind in der Fischerei beschäftigt, viele von ihnen an Bord von etwa 300 registrierten Fischereifahrzeugen. Sisimiut war Anfang des 20. Jahrhunderts der erste Ort Grönlands mit einer Fischindustrie. Damals dominierte der Walfang, wohingegen mittlerweile die Garnelenproduktion überwiegt. Aber auch der Fang von Seehasen, Kabeljau, Gestreiftem Seewolf sowie Weißem und Schwarzem Heilbutt spielt eine Rolle. In Sisimiut befindet sich heute die größte Fischfabrik des Landes.

Sisimiut, Grönland

RECHTS

Lachskonservierung

In weiten Teilen der Arktis wird Fisch durch kalte Luft und Wind getrocknet. An der Küste werden häufig hölzerne Trockengestelle aufgestellt. Diese wahrscheinlich älteste Methode der Lebensmittelkonservierung entfernt das Wasser, welches Bakterien, Hefen und Schimmelpilze zum Wachsen benötigen. Nach dem Trocknen ist der Fisch sehr lange haltbar und einfach zu transportieren.

Alaska, USA

GEGENÜBERLIEGENDE SEITE

Walfanglager

Im Einklang mit den Rechten der Ureinwohner auf nachhaltigen Walfang verbringen die Inupiat-Jäger den Frühling an der Küste und halten Ausschau nach Grönlandwalen, die von der Beringsee nach Norden ziehen. Wenn ein Wal gesichtet wird, schiebt die Walfangmannschaft ein mit Holzrahmen und Fellen bedecktes Boot, *umiak* genannt, auf das Wasser. Wurde ein Wal erfolgreich harpuniert, dann wird das Fleisch zwischen der Besatzung und der weiteren Gemeinschaft aufgeteilt.

Tschuktschensee, Alaska, USA

RECHTS

Hafen von Ilulissat

In den kältesten Wintermonaten wird der Fischereihafen in Ilulissat an der Disko Bay vom Meereis eingeschlossen. Disko Bay ist das Zentrum der grönländischen Fischereiindustrie, die mit einem Exportanteil von mehr als 90 Prozent die Hauptstütze der Wirtschaft darstellt. Am häufigsten werden hier Heilbutt, Kaltwassergarnelen und Kabeljau gefangen.

Grönland

GEGENÜBERLIEGENDE SEITE

Henningsvær

Das Fischerdorf Henningsvær ist über mehrere Inseln verteilt, darunter Heimøya und Hellandsøya, die seit 1983 durch eine Brücke mit der größeren Insel Austvågøya verbunden sind. Vor dem Aufkommen des Tourismus konzentrierte sich das Leben hier auf die Fischerei, die nach wie vor ein wichtiger Arbeitgeber ist. Die Holzgestelle zum Trocknen von Kabeljau nehmen alle verfügbaren Freiflächen am Ufer ein.

Lofoten, Norwegen

UNTEN

Tuktoyaktuk

An den Ufern der Beaufortsee liegt das Fischerdorf Tuktoyaktuk. Viele der 900 Einwohner bezeichnen sich als Inuvialuit. Die meisten verdienen ihren Lebensunterhalt mit Fischerei, Tourismus, Öl, Karibuhaltung oder dem saisonalen Fangen von Enten und Gänsen. Tuktoyaktuk, früher auch als Port Brabant bekannt, war Kanadas erste Siedlung, die 1950 wieder ihren traditionellen Namen annahm.

Nordwest-Territorien, Kanada

LINKS

Ilulissat

Mit rund 4600 Einwohnern ist Ilulissat nach der Hauptstadt Nuuk und der Hafenstadt Sisimiut die drittgrößte Stadt Grönlands. Ilulissat wurde anstelle einer Kalaallit-Siedlung gegründet und 1741 zu einem dänischen Handelsposten mit dem Namen Jakobshavn, benannt nach dem dänischen Kaufmann Jacob Severin, der ein Handelsmonopol auf Grönland innehatte. Die Stadt wurde später nach dem grönländischen Wort für Eisberg umbenannt.

Grönland

UNTEN

Angeln im Baker-See

In der Siedlung Baker Lake sind mehrere Inuit-Gruppen, darunter Harvaqtuurmiut und Ihalmiut, beheimatet. Die meisten Einheimischen leben vom Bergbau oder vom Tourismus, aber einige praktizieren immer noch das Eisfischen mit traditioneller Ausrüstung. Im Winter werden Löcher in das Eis des Sees geschlagen, um Fische mit Leinen, Netzen oder dreizackigen Speeren zu fangen.

Nunavut, Kanada

UNTEN

Iglubau

Iglus sind temporäre Häuser aus Schnee, die traditionell nur von Menschen in der kanadischen Zentralarktis und im grönländischen Thule-Gebiet gebaut werden. Der Schnee eines Iglus muss aus einer tiefen Schicht stammen, wo er mehr verdichtet wurde. Er wird mit einem Schneemesser in Blöcke geschnitten. Dieses Messer wurde früher aus Knochen gefertigt, besteht heute aber meist aus Metall. Ein Eingangstunnel dient sowohl zur Lagerung als auch zur Verringerung des Wind- und Wärmeverlusts beim Öffnen der Innentür aus Robbenfell. Eine Platte aus klarem Eis kann als Fenster verwendet werden.

Kanada

UNTEN

Seilherstellung

Das Dorf Uelen befindet sich an der Stelle, an der das Beringmeer auf das Tschuktschenmeer trifft. Die Mehrheit der Dorfbewohner definiert sich als Tschuktschen, während andere den Volksgruppen der Yupik oder Russen angehören. Hier wird Walrossdarm zu einem festen Seil verarbeitet, während Walrosselfenbein zu zierlichen Statuen, Schmuck und anderen Utensilien verarbeitet wird.

Uelen, Tschukotka, Russland

RECHTS

Zusammenbau von Chums

Komi-Rentierhirten bauen ein *chum* über ihrem Hab und Gut auf. Ein Chum hat ein ähnliches Design wie ein nordamerikanisches Tipi. Rentierhäute hängen über Holzstangen, die in einem Kreis angeordnet sind. Der Rauch aus der Feuerstelle kann durch ein Loch in der Decke des Chum entweichen.

Autonomer Kreis der Nenzen, Russland

Dole

LINKS

Die Chums der Nenzen

Mit seinem breiten Fundament ist das Chum der Nenzen stabil – auch bei dem starken Wind, der über die weite Tundra der Jamal-Halbinsel weht. In der nenzischen Sprache bedeutet *jamal* „Ende des Landes". Auf der Halbinsel leben rund 500 000 Rentiere, die den Hirten der Nenzen und Chanten gehören. Jedes Jahr wandern die Hirten Tausende von Kilometern. Mit Hunden, die die Schlitten mit ihrem Hab und Gut ziehen, treiben die Nenzen ihre Rentiere von den Sommerweiden im Norden zu den Winterweiden südlich des Polarkreises.

Jamal-Halbinsel, Russland

UNTEN

In einem Balok

Das Dorf Syndassko liegt in Taymyria, etwa 700 km nördlich des Polarkreises. In einem mit Rentierfellen isolierten *balok*, dem Wohnzelt der Dolganen, befinden sich zwei oder drei Betten, ein Tisch und ein Holzofen. In den kältesten Wintermonaten heizt der Ofen die Hütte selten über 15 °C.

Syndassko, Taymyr-Halbinsel, Russland

UNTEN

Longyearbyen

Die meisten Wohnungen in der Stadt Longyearbyen gehören der norwegischen Regierung, der Universität oder dem Bergbauunternehmen Store Norske. Privat finanzierte Bauten sind aufgrund strenger Landeinteilungen und des Lawinenrisikos außerhalb des Stadtzentrums selten. Ursprünglich war Longyearbyen deutlich von Männern dominiert, die im Bergbau tätig waren. In den letzten Jahren ist aber der Anteil an Frauen und Kindern gestiegen und es gibt Schulen und Kindergärten.

Spitzbergen, Spitzbergen-Archipel, Norwegen

GEGENÜBERLIEGENDE SEITE

Inuksuk

Inuksuit (Plural von Inuksuk) werden von Inuit, Inupiat, Kalaallit, Yupik und anderen Volksgruppen im arktischen Nordamerika gebaut. Diese kreuzförmigen Inuksuit sind möglicherweise entstanden, nachdem christliche Missionare die Region zum ersten Mal besucht hatten. Einige Inuksuit ähneln menschlichen Figuren, mit zwei Beinen und ausgebreiteten Armen. Die unterschiedlichen Formen von Inuksuit wurden als eine Art Schriftzeichen in die Landschaft gestellt.

Manitoba, Kanada

GEGENÜBERLIEGENDE SEITE

Rentierlager der Chanten

Die Chanten leben in der westsibirischen Ebene, von der Steppe im Süden über den Taigagürtel bis zur Tundra im Norden. Traditionell waren die Chanten Rentierhirten, Fischer sowie Jäger und Fallensteller. Heute gibt es rund 30000 Menschen, die sich als Chanten bezeichnen. Rund ein Drittel von ihnen spricht die Chanten-Sprache, die mit Ungarisch und Finnisch verwandt ist.

Jamal, Russland

UNTEN

Nuuk

Grönlands Hauptstadt Nuuk hat ca. 18000 Einwohner, fast ein Drittel der gesamten Inselbevölkerung. Der Ort wurde erstmals um 2200 v. Chr. von Angehörigen der Saqqaq-Kultur besiedelt. Hier siedelten später auch Wikinger und Inuit. Heute leben hier Menschen, die sich als Inuit, Dänen, Grönländer oder eine Mischung aus allen dreien bezeichnen sowie Neuankömmlinge aus der ganzen Welt.

Grönland

LINKS

Schneeschuhe aus Holz

Viele der indigenen Gruppen im Norden Nordamerikas entwickelten Schneeschuhe in unterschiedlichen Stilen, die dem Gelände und dem Klima angepasst waren. Die Inuit benutzten ihre Schneeschuhe weniger als die Menschen im Süden, wie z. B. die Huronen (deren Schneeschuhe auf dem Bild zu sehen sind), da die Inuit den größten Teil ihrer Winterreise auf Meereis oder mit dem Schlitten unternahmen. Wenn sie Schneeschuhe benutzten, hatten diese oft die Form einer Bärentatze, was es ihnen ermöglichte, durch tiefen Pulverschnee zu gehen.

Kanada

GEGENÜBERLIEGENDE SEITE

Reisen mit dem Schlitten

Der Schlitten spielt eine zentrale Rolle im Leben der Nenzen-Hirten. Er ermöglicht es ihnen, große Entfernungen zurückzulegen, wenn sie mit ihren Rentieren zwischen Winter- und Sommerweidegebieten pendeln. Während traditionell Rentiere oder Samojeden als Zugtiere eingesetzt werden, verwenden heute einige Hirten Schneemotorräder. Zugrentiere werden mit einer langen Stange, dem *khorei*, gelenkt.

Jamal-Halbinsel, Russland

GEGENÜBERLIEGENDE SEITE

Maniitsoq

Mit rund 2600 Einwohnern verzeichnet Maniitsoq, wie auch andere kleine grönländische Städte, einen langsamen Bevölkerungsrückgang. Viele junge Grönländer haben zwar eine gute Ausbildung, aber nur geringe Beschäftigungsmöglichkeiten, weshalb sie in größere, stärker industrialisierte Städte, nach Nuuk oder auf das dänische Festland ziehen. Heute lebt rund ein Viertel aller Grönländer im Ausland.

Grönland

UNTEN

Schlittenhundegespann

Ein Inuit-Jäger und sein Schlittenhundegespann überqueren das Meereis auf der Suche nach Robben und Walrossen. Die Jagd spielt eine zentrale Rolle im grönländischen Leben, da nur etwa ein Prozent des Landes landwirtschaftlich genutzt werden kann – auch wenn die Temperaturen steigen und eine längere, wärmere Vegetationsperiode entsteht. Durch die zunehmende Erwärmung ist allerdings auch die Jagd bedroht, da das Meereis immer dünner und somit gefährlich wird.

Baffin Bay, Grönland

TOURISMUS, INDUSTRIE UND FORSCHUNG

Obwohl die Arktis acht Prozent der Erdoberfläche ausmacht, war die wirtschaftliche Ausbeutung ihrer Ressourcen bislang begrenzt. Die Bewohner der Arktis nutzten traditionell die wichtigsten nachwachsenden Rohstoffe der Region: Fisch und Rentiere. Diese Nutzung beschränkte sich jahrhundertelang hauptsächlich auf die Bestreitung des Lebensunterhalts. Doch im 20. Jahrhundert nahm die kommerzielle Fischerei in der Region derart ungehindert zu, dass es zu einer Überfischung kam und infogedessen zu einem Rückgang der Fischerei. Im letzten halben Jahrhundert haben Entdeckungen von Kohlenwasserstoffen, Mineralien und Diamanten der Arktis neue Arbeitsplätze und viele Neuankömmlinge beschert. Die Ausbeutung dieser begrenzten natürlichen Ressourcen stößt auf den Widerstand von Umweltschützern sowie von indigenen und auch jüngeren in der Arktis beheimateten Gesellschaften.

In den Jahren 1882 bis 1883 wurde das erste Internationale Polarjahr organisiert, in dem Arktisstationen, die neun europäischen Ländern und den Vereinigten Staaten angehörten, Beobachtungen machten und ihre Ergebnisse austauschten. Dies war zwar keineswegs der Beginn der wissenschaftlichen Forschung in der Region, aber ein wichtiger Moment für die internationale Zusammenarbeit. Heute reicht die international finanzierte Forschung von der Erkundung der Magnetosphäre bis zur Analyse des Klimawandels. Eine weitere schnell wachsende Branche ist der Tourismus, der mittlerweile Tausende von Arbeitsplätzen in der Region bietet, zumindest saisonal. Die Herausforderung in den nächsten Jahrzehnten besteht darin, sicherzustellen, dass der Tourismus den Menschen vor Ort zwar Beschäftigung gibt – doch dass die Einnahmen zugleich in den Schutz ihrer stark bedrohten Umwelt fließen.

GEGENÜBERLIEGENDE SEITE

Kajakfahren

Reisende fahren mit dem Kajak durch den Scoresby Sound, das längste Fjordsystem der Welt, das sich in die südöstliche Ecke Grönlands verzweigt. Das Knacken und Spritzen kalbender Gletscher ist hier ein ständiger akustischer Begleiter. Während der langen Sommertage kann man Narwale durch das Wasser gleiten sehen, gelegentlich zusammen mit Zwerg- oder Finnwalen.

Scoresby Sound, Grönland

GEGENÜBERLIEGENDE SEITE

Trans-Alaska-Pipeline

Die Trans-Alaska-Pipeline transportiert Öl über 1287 km vom Ölfeld Prudhoe Bay, 400 km nördlich des Polarkreises, zum Hafen von Valdez im Süden Alaskas. Die Gewässer um Valdez gefrieren im Winter nicht, sodass dies der nördlichste eisfreie Hafen Nordamerikas ist. 1977 wurde das erste Barrel Öl durch die Pipeline gepumpt und seitdem wurden über 18 Milliarden verschifft.

North Slope, Alaska, USA

OBEN

Badami-Ölfeld

1990 wurde Öl in Badami entdeckt, die Produktion begann 1998. Die North Slope war einst ein Meeresboden, aus dessen längst ausgestorbenen Organismen das gesamte Öl der Region entstanden ist. Die Badami-Pipeline verbindet sich etwa 48 km westlich mit der Trans-Alaska-Pipeline. Badami ist ein anspruchsvolles Reservoir mit schwankender Ölqualität, was immer wieder zu Voll- und Teilabschaltungen führt.

North Slope, Alaska, USA

UNTEN

Pumpstationen

Das Ölfeld Prudhoe Bay, das größte in Nordamerika, wurde 1967 entdeckt, die Produktion aber erst 1977 mit der Fertigstellung der Trans-Alaska-Pipeline aufgenommen. Der Höchststand der Produktion lag 1989 bei zwei Millionen Barrel pro Tag. Die nahe gelegenen Siedlungen Prudhoe Bay und Dead Horse sind entstanden, um die Ölfeldarbeiter unterzubringen und zu versorgen.

Prudhoe Bay, Alaska, USA

GEGENÜBERLIEGENDE SEITE

Kreuzfahrtschiff

Der Tourismus in der Arktis hat im 21. Jahrhundert dramatisch zugenommen. Bis zu einer Million Menschen besucht die Region jährlich. Sowohl Einheimische als auch internationale Naturschutzorganisationen arbeiten mit vielen Reiseveranstaltern zusammen, um sicherzustellen, dass das Reisen in die Arktis nachhaltig und verantwortungsvoll ist. Ihre Zusammenarbeit schützt nicht nur die Tierwelt und die empfindliche Umwelt, sondern soll auch den lokalen Gemeinschaften Geld bringen.

Alaska, USA

UNTEN

Hope-Bay-Flugplatz

Die Landebahn in Hope Bay bedient die Goldminen und Erkundungscamps des Hope-Bay-Grünsteingürtels. Der Bergbau ist eine wichtige Einnahmequelle in Nunavut. Neben Gold verfügt das Gebiet über Vorkommen an Diamanten, Uran, Nickel, Blei, Kupfer, Silber, Zink und Eisenerz, von denen die meisten noch unerschlossen sind.

Nunavut, Kanada

GEGENÜBERLIEGENDE SEITE

Doris-Camp

Der Hope-Bay-Grünsteingürtel enthält drei große Goldvorkommen mit den Namen Doris, Boston und Madrid. 2017 war die Mine Doris-Nord die erste, die den kommerziellen Betrieb aufnahm. Kanada ist nach China, Australien, Russland und den USA das fünftgrößte Goldproduktionsland der Welt.

Nunavut, Kanada

UNTEN

Tankschiff

Ein Tanker liefert Treibstoff für den Winter in den Goldminen von Hope Bay. Das Bergbauunternehmen hat eng mit den örtlichen Gemeinden zusammengearbeitet und sich insbesondere auf die Ausbildung junger Menschen mit Hochschulabschluss konzentriert, die sonst möglicherweise nach Süden abgewandert wären. Mehr als 2000 Menschen in Nunavut sind in der Gewinnung von Mineralien und den damit verbundenen Dienstleistungen beschäftigt.

Hope Bay, Nunavut, Kanada

GEGENÜBERLIEGENDE SEITE

Eisstraße

2017 wurde Kanadas berühmteste Eisstraße zwischen Inuvik und Tuktoyaktuk nach dem Bau einer Autobahn geschlossen. Im Winter sind noch mehrere andere Eisstraßen in Betrieb, die isolierte Siedlungen wie Aklavik entlang der Ströme des Mackenzie-Deltas verbinden. Nach der Schmelze ist Aklavik nur auf dem Luftweg zu erreichen.

Nordwest-Territorien, Kanada

UNTEN

Eisbrecher vor der Küste von Utqiagvik

Utqiagvik, früher bekannt als Barrow, ist die größte Stadt der North Slope. *Utqiagvik* ist der althergebrachte Name des Ortes auf Inupiaq, der Sprache der hier seit Jahrtausenden ansässigen Eskimos, und bedeutet so viel wie „Ort, an dem Eulen gejagt werden". Keine Straße verbindet Utqiagvik mit dem Rest von Alaska und die Straßen in der Stadt sind aufgrund des Permafrosts nicht asphaltiert. Der Transport erfolgt via Passagier- und Frachtflugzeuge sowie über Versorgungsschiffe.

Utqiagvik, Alaska, USA

GEGENÜBERLIEGENDE SEITE

Ausflug mit dem Qamutiik

Reisende fahren in Qamutiik-Schlitten, die heute eher von Schneemobilen als von einem Hundeteam gezogen werden, über das Meereis des Oliver Sound im Sirmilik-Nationalpark. Baffin Island zieht jedes Jahr die meisten Besucher nach Nunavut, vor allem wegen des Wintersports, der Tierbeobachtung und vieler Film-, Musik- und Theaterfestivals.

Baffin Island, Nunavut, Kanada

UNTEN

Krossfjord

Diese Fässer rosten vor Krossfjord seit dem Zweiten Weltkrieg, als alliierte Streitkräfte auf Spitzbergen stationiert waren, um zu verhindern, dass das nationalsozialistische Deutschland die Inseln besetzt. 1943 wurden hier während der deutschen Operation „Sizilien" sechs Norweger und ein deutscher Soldat getötet.

Spitzbergen, Spitzbergen-Archipel, Norwegen

UNTEN

Hundehütten

Diese Hundezuchtstation bietet Schlittenfahrten an und macht junge Besucher mit Schlittenhunden jeden Alters bekannt. Die Hunde sind entweder Huskys oder Grönlandhunde. Letztere gehören zu den ältesten Hunderassen und wurden auf Kraft und Ausdauer gezüchtet.

Longyearbyen, Spitzbergen, Norwegen

GEGENÜBERLIEGENDE SEITE

Hafen von Barentsburg

Spitzbergens zweitgrößte Siedlung ist die russische Kohlebergbaustadt Barentsburg, in der rund 470 Russen und Ukrainer leben. Die Lebensmittel für deren Versorgung werden aus Russland geliefert, in Notfällen aber auch von Longyearbyen aus ergänzt.

Spitzbergen, Norwegen

A. BELIKOV

OBEN

EISCAT Svalbard Radar

Die EISCAT (European Incoherent Scatter Scientific Association, in deutsch etwa: „Europäische Vereinigung für Forschung mit inkohärentem Streuradar") betreibt eine ihrer vier skandinavischen Radarstationen in der Nähe von Longyearbyen. Zweck der Anlagen ist es, Erkenntnisse über Interaktionen zwischen Sonne und Erde zu gewinnen, welche sich in Störungen der Magnetosphäre und der Ionosphäre ausdrücken, also jene Prozesse, die auch die Polarlichter verursachen.

Spitzbergen, Norwegen

UNTEN

Kinnvika

Eine rostige Sonnenuhr befindet sich in der verlassenen schwedisch-finnischen Forschungsstation Kinnvika, die zwischen 1957 und 1959 erbaut wurde. Die Station wurde 2007 bis 2009 wiedereröffnet, um den Klimawandel in der Arktis zu untersuchen. Sogar die Sauna des Komplexes, wahrscheinlich die nördlichste Sauna der Welt, wurde zur Benutzung wieder hergerichtet.

Nordostland, Spitzbergen-Archipel, Norwegen

GEGENÜBERLIEGENDE SEITE

Wetterstation

Diese automatische Station am Nordenskjöld-Gletscher überwacht Wind, Temperatur, Luftfeuchtigkeit, Luftdruck, Strahlung und Schneehöhe. Zusätzlich dokumentieren die Instrumente die Eisgeschwindigkeit des Gletschers selbst. Die erste dauerhafte Wetterstation wurde 1911 auf dem Spitzbergen-Archipel eingerichtet.

Spitzbergen, Spitzbergen-Archipel, Norwegen

DIESE UND GEGENÜBERLIEGENDE SEITE

Pyramiden

Die russische Kohlebergbausiedlung Pyramiden wurde nach der Gewinnung der letzten Kohle am 31. März 1998 aufgegeben. Zwischen 1910 und 1998 hatte Pyramiden über 1000 Einwohner, eine Grundschule, ein Sportzentrum, ein Theater, eine Bibliothek und ein Hotel. Nach der Aufgabe des Ortes wurden viele Gebäude geplündert oder beschädigt. Seit 2007 sind einige Arbeiter in Pyramiden damit beschäftigt, den Zerfall der Stadt zu verhindern und aufzuräumen. Sie sind in dem alten Hotel untergebracht, das inzwischen auch wieder für Touristen geöffnet wurde.

Spitzbergen, Spitzbergen-Archipel, Norwegen

LINKS

Tankstelle

In Longyearbyen befindet sich die nördlichste Tankstelle der Welt. Hier ist auch vieles andere am nördlichsten: Autovermietung, Taxistand, Bushaltestelle und Flughafen mit Linienflügen. Weitere nützliche Einrichtungen sowohl für Reisende als auch für die 2370 Einwohner der Stadt sind eine Polizeistation, ein Buchladen, ein Spielzeuggeschäft, ein Supermarkt, eine Bibliothek und ein Geldautomat.

Longyearbyen, Spitzbergen, Norwegen

GEGENÜBERLIEGENDE SEITE

Stillgelegte Seilbahnstation

Diese verlassene Seilbahnstation, die vor Ort als Taubanesentrale bekannt ist, wurde von 1956 bis 1987 für den Kohletransport genutzt. Früher gab es in dieser Gegend zahlreiche Kohlenbergwerke. Heute ist nur noch eines davon in Betrieb, das ca. 10 km außerhalb des Ortes liegt. Die abgebaute Kohle wird per Lastwagen in den Hafen von Longyearbyen transportiert. Etwa ein Drittel der Kohle wird für das Kohlekraftwerk Longyear verwendet, der Rest wird verschifft.

Longyearbyen, Spitzbergen, Norwegen

GEGENÜBERLIEGENDE SEITE

Bootsfahrt

Die Reise mit dem Boot ist die beste Möglichkeit, um die Tierwelt des Spitzbergen-Archipels, wie Walrosse, Wale und Seevögel, zu beobachten. Tagesausflüge vom Hafen von Longyearbyen aus haben Gletscher, wie den von Esmarkbreen, zum Ziel und führen zu Siedlungen wie Ny-Ålesund, Barentsburg oder das verlassene Pyramiden.

Spitzbergen-Archipel, Norwegen

UNTEN

Russisches Wissenschaftszentrum

Das Russische Wissenschaftszentrum koordiniert die wissenschaftlichen Aktivitäten Russlands auf dem Archipel. Es umfasst eine Satellitenempfangs- und -übertragungsstation (siehe Bild), ein Labor sowie ein meteorologisches und geophysikalisches Observatorium. Bis zu 100 russische Forscher und Studenten bevölkern das Zentrum im Sommer, während nur ein Dutzend im dunklen und stürmischen Winter dort bleibt.

Barentsburg, Spitzbergen, Norwegen

UNTEN

Kakslauttanen Arctic Resort

Während ihres Aufenthalts in einem Iglu mit Glasdach und Blick auf die Morgenröte, können Besucher von Kakslauttanen auch den Weihnachtsmann treffen. Lappland ist wegen seines Volkstums, das der finnische Kinderradioshow-Moderator Markus Rautio 1927 populär machte, eng mit dem Weihnachtsmann verbunden. Demnach soll er auf dem Korvatunturi-Berg („Berg des Ohrs") leben, wo er hören kann, ob Kinder ungezogen oder lieb sind.

Lappland, Finnland

GEGENÜBERLIEGENDE SEITE

Eisbrecher-Kreuzfahrt

Obwohl sie südlich des Polarkreises liegt, ist die Bucht von Bothnia bis zu 190 Tage im Jahr mit Eis bedeckt. Die niedrigen Temperaturen und der niedrige Salzgehalt der Bucht führen zu extrem starkem Eis, auf dem man geführte Touren unternehmen kann. Vom Deck eines Eisbrechers aus können Ringel- und Kegelrobben beobachtet werden, die sich zwischen ihren Tauchgängen nach Krebstieren und Fischen auf dem Eis ausruhen.

Bucht von Bothnia (Bottenwiek), Finnland

GEGENÜBERLIEGENDE SEITE

Wetterradarstation

Das Wetterradar von Luosto, das sich auf einem Berggipfel befindet, wird zur Ortung und Überwachung von Niederschlägen eingesetzt. Im Winter bietet das kleine Resort Luosto Skisport, Schlittenfahrten, Weihnachtsmannbesuche und freie Sicht auf das Nordlicht. Im Sommer ist der bewaldete Phyä-Luosto-Nationalpark beliebt für Wanderungen unter der Mitternachtssonne.

Luosto, Lappland, Finnland

UNTEN

Schneemobilausflug

Vom Ferienort Saariselkä aus können Wanderungen oder Schneemobilfahrten im Nationalpark Urho Kekkonen, einem der größten Schutzgebiete Finnlands, unternommen werden. Der Park wurde nach Urho Kekkonen benannt, dem am längsten amtierenden finnischen Präsidenten, der von 1956 bis 1982 im Amt war. Häufige Einnahmequellen in dieser Region sind Rentierhaltung sowie Rentierrennen.

Saariselkä, Lappland, Finnland

GEGENÜBERLIEGENDE SEITE

Aurora Sky Station

Die Aurora Sky Station ist bekannt als ein fantastischer Ort für die Beobachtung des Nordlichts. Sie befindet sich auf einem Gipfel im Abisko-Nationalpark, wo Lichtverschmutzung kein Problem darstellt. Die Sky Station ist ganzjährig geöffnet. Zur Beobachtung des Nordlichts ist die Zeit zwischen Dezember und März ideal. Man erreicht die Station mit dem Sessellift, der in der Nähe des Ufers des riesigen Torneträsk-Sees startet.

Abisko, Lappland, Schweden

RECHTS

Erkundungsbohrinsel

Grönland verfügt über einen potentiell immensen Kohlenwasserstoffreichtum. Obwohl in den Gewässern vor Grönland bereits Erkundungsbohrungen durchgeführt wurden, haben bisher noch keine kommerziellen Bohrungen begonnen – eine Situation, die Umweltschützer gerne beibehalten würden. Das Land ist sich jedoch durchaus darüber im Klaren, dass es damit einen Beitrag zu der Industrie leisten würde, die ihre eigenen Gletscher zum Schmelzen bringt.

Davis Strait, Grönland

UNTEN

Arktische Station

Die Arktisstation der Universität Kopenhagen liegt gegenüber der Disko Bay und ihren riesigen Eisbergen. Die Einrichtung erforscht Umweltprobleme in der Arktis, einschließlich der Auswirkungen der globalen Erwärmung auf Flora und Fauna. Die Anlage befindet sich außerhalb der Stadt Qeqertarsuaq, was in Kalaallisut „Große Insel" bedeutet. Bereits im Jahr 1906 errichtet, wurde die Station 1953 von der Universität Kopenhagen übernommen.

Qeqertarsuaq, Disko Bay, Grönland

GEGENÜBERLIEGENDE SEITE

Fischfang

Die grönländische Fischereiindustrie trägt 20 Prozent zum Bruttonationaleinkommen der Insel bei. Der größte Teil der grönländischen Exporte von Fisch und Meeresfrüchten geht nach Dänemark, Island, Norwegen, Deutschland, Japan, Großbritannien und in die USA. Das Unternehmen Royal Greenland, das im Besitz der grönländischen Regierung ist, unterhält eine eigene Fangflotte sowie 38 Produktionsstätten in Grönland und zehn in Europa und Kanada.

Disko Bay, Grönland

LINKS

Radarkuppel

Die Kommunikation in Grönland wird von der staatlichen TELE Greenland abgewickelt, die die Internet-Domain .gl verwaltet und Eigentümerin der Unterwasserkabel von Greenland Connect ist, die Grönland, Kanada und Island verbinden. Etwa 65 Prozent der Grönländer haben einen Internetzugang, verglichen mit 95 Prozent in ganz Dänemark.

Nuuk, Grönland

UNTEN

Tankstelle

Auf der gleichnamigen Insel vor der grönländischen Westküste befindet sich Uummannaq, die größte Stadt nördlich von Ilulissat. Die meisten der 1400 Einwohner der Insel sind Fischer oder Jäger, obwohl eine wachsende Zahl in der Tourismusbranche beschäftigt ist. Es gibt immer noch 500 Schlittenhunde auf Uummannaq, aber auch eine Tankstelle für Autos und Schneemobile.

Uummannaq, Grönland

LINKS

Hundeschlittentour

Tasiilaq ist eine wachsende Stadt an der Ostküste Grönlands, der Region, in der Ostgrönländisch, oder Tunumiit Oraasiat, gesprochen wird. Im Winter werden Hundeschlittenfahren, Motorschlittenfahren, Skifahren und Heliskifahren angeboten. Am 5. Februar 1970 wurden große Teile der Stadt durch den stärksten jemals gemessenen *Piteraq*, einen ostgrönländischen Sturm mit Windgeschwindigkeiten von um die 300 km/h, zerstört. Damals wurde sogar erwogen, die Stadt aufzugeben.

Tasiilaq, Grönland

GEGENÜBERLIEGENDE SEITE

Eisbrecher-Kreuzfahrt

Die Bucht von Antarctic Haven im Nordostgrönland-Nationalpark wurde 1899 nach dem schwedischen Entdecker Alfred Gabriel Nathorst benannt. Er hatte hier sein Schiff *Antarctic* festgemacht, um nach Überlebenden des missglückten Versuchs von Salomon August Andrée, den Nordpol mit einem Wasserstoffballon zu erreichen, zu suchen. Nordostgrönland, der größte Nationalpark der Welt, kann von Schiffen nur während der eisfreien Sommermonate erkundet werden.

Antarctic Haven, Grönland

Hotel Arctic

Grönlands nördlichstes Vier-Sterne-Hotel bietet Iglu-Hütten für zwei Personen mit Blick auf den Eisfjord. Aufenthalte sind nur von Mai bis Oktober möglich. Im Hotelrestaurant können die Gäste lokale Zutaten wie gesalzenes Moschusochsenherz, Heilbutt-Tartar und Garnelen mit grönländischem Thymian genießen. Das Rentiersteak wird mit Messern geschnitten, deren Griffe aus Rentierknochen sind.

Ilulissat, Grönland

UNTEN

Hafen von Siglufjörður

An Islands Nordküste, weniger als 40 km vom Polarkreis entfernt, liegt das Fischerdorf Siglufjörður. Die Bevölkerungszahl ist seit den 1950er-Jahren allmählich geschrumpft, zusammen mit dem Heringsfang. Siglufjörður war 2015 Hauptdrehort der Krimiserie *Trapped – Gefangen in Island* mit Ólafur Darri Ólafsson, der den Ort international bekannt gemacht hat.

Siglufjörður, Island

GEGENÜBERLIEGENDE SEITE

Fischerei in Ísafjörður

In der Vergangenheit war die Fischerei die wichtigste Industrie von Ísafjörður. Während die Fischerei für die lokale Wirtschaft nach wie vor von zentraler Bedeutung ist, hat der Rückgang der Fischpopulation dazu geführt, dass die Einwohner anderweitige Arbeit suchen müssen und sich neue Industriezweige entwickeln. Neben Start-ups wie einem Unternehmen, das Fischhautprodukte zur Wundheilung herstellt, ist der Tourismus ein wachsender Wirtschaftsbereich. Er profitiert vor allem von dem Naturschutzgebiet der Hornstrandir-Halbinsel.

Ísafjörður, Island

Kajakfahren

Jökulsárlón ist ein riesiger Gletschersee im Süden von Islands größtem Nationalpark, Vatnajökull. Kajakfahrer müssen sich ihren Weg zwischen Eisbergen, die vom Breiðamerkurjökull-Gletscher gekalbt wurden, und Robben suchen. Im Sommer kann man entlang der Küste nistende arktische Raubmöwen und Küstenseeschwalben beobachten. Für diejenigen, die es weniger nass mögen, werden Touren auf dem See mit dem Boot oder Amphibienfahrzeug angeboten.

Vatnajökull-Nationalpark, Island

GEGENÜBERLIEGENDE SEITE

Dudinka

Der Hafen von Dudinka gehört zum Unternehmen Norilsk Nickel und ist sowohl Meer- als auch Flusshafen. Er liegt am rechten Ufer des Flusses Jenissei. In Dudinka werden etwa 4,5 Millionen Tonnen Güter, hauptsächlich Metalle umgeschlagen und nach Murmansk verschifft. Seit 1978 wird die Schifffahrt nach Dudinka das ganze Jahr über mithilfe von Eisbrechern ermöglicht.

Region Krasnojarsk, Russland

UNTEN

Husky-Zwinger

An der verfallenden Wetterstation Sedov in der Tikhaya-Bucht von Hooker Island befinden sich die verrottenden Zwinger, die einst für die Huskys der Meteorologen genutzt wurden. Die Wetterstation war von 1929 bis 1963 in Betrieb. Nach einer Pause von einem halben Jahrhundert wurden 2012 wieder meteorologische Messungen auf dem Gelände durchgeführt.

Franz-Josef-Land, Russland

GEGENÜBERLIEGENDE SEITE

Arktichesky Trilistnik

Die Militärbasis Arktichesky Trilistnik („Arktisches Kleeblatt") befindet sich im Alexandra-Land, einer der westlichsten Inseln des Franz-Josef-Land-Archipels. Die neue Basis, die nach ihrer dreilappigen Form benannt wurde, ersetzte einen 1947 erbauten Stützpunkt für sowjetische Langstreckenbomber, die die Vereinigten Staaten erreichen sollten. Die Basis ist auf Stelzen gebaut, um der extremen Kälte standzuhalten. Sie beherbergt 150 Mitarbeiter, die einen Dienst von 18 Monaten verrichten.

Franz-Josef-Land, Russland

UNTEN

Russischer Atom-Eisbrecher

Yamal ist ein Eisbrecher der Arktika-Klasse mit Atomantrieb und gehört mit seinen 75 000 PS zu den stärksten Eisbrechern der Welt. Er hat eine doppelte, bis zu 48 mm starke Außenhülle und kann Eis bis zu einer Dicke von 5 m brechen. Zur Kühlung der Atomreaktoren wird das kalte Wasser der Arktis benötigt. Der Eisbrecher sollte ursprünglich die Schifffahrtswege im Nordpolarmeer freihalten, wird inzwischen aber als Expeditionsschiff ins Nordpolargebiet genutzt.

Arktischer Ozean

DIESE UND GEGENÜBERLIEGENDE SEITE

Verlassene Militärgebäude

Die meisten der 2400 Einwohner des Novaya-Zemlya-Archipels sind russisches Militärpersonal. Während des Kalten Krieges wurden die Inseln für Atomtests genutzt, einschließlich der Luftdetonation der Zar-Bombe (AN602) im Jahr 1961, der stärksten nuklearen Explosion, die jemals gezündet wurde. Die Hitzestrahlung der Bombe war noch in 270 km Entfernung zu spüren und in Norwegen und Finnland zerbrachen Fensterscheiben.

Russkaja Gavan, Novaya Zemlya

UNTEN

Glamping

Trotz der Lage am Polarkreis herrschen auf der Kola-Halbinsel aufgrund des Golfstroms ungewöhnlich milde Wintertemperaturen von durchschnittlich –10 °C im Januar. Der Tourismus, insbesondere der Ökotourismus, hat sich in den letzten zehn Jahren auf der Halbinsel entwickelt. Beim Glamping (glamouröses Campen) kann man nicht nur das Nordlicht beobachten, sondern auch in einer Wildnis aus Kiefern- und Fichtenwäldern oder durch die Tundra wandern.

Kola-Halbinsel, Russland

GEGENÜBERLIEGENDE SEITE

Verlassene Polarstation

Diese abgelegene, unbewohnte Insel liegt in der Karasee, auf halbem Weg zwischen Franz-Josef-Land und Sewernaja Semlja. Aufgrund von Stürmen in der Arktis, die durch das Schmelzen des Meereises noch verstärkt werden, geht die Küstenlinie der Insel in einem außergewöhnlichen Tempo zurück: Zwischen 2009 und 2016 waren es bis zu 74 m. Die verlassene hydrometeorologische Polarstation der Insel liegt in schwindelerregender Höhe und befindet sich in akuter Absturzgefahr.

Wiese-Insel, Russland

Erstveröffentlichung unter dem Titel:
„Arctic – Life inside the arctic circle"

Genehmigte Lizenzausgabe:
tosa GmbH
Industriestraße 19
64407 Fränkisch-Crumbach 2021
www.tosa-verlag.de

Projektleitung: George Maudsley
Design: Keren Harragan
Bildrecherche: Terry Forshaw

Übersetzung: design cat GmbH
Layout, Satz und Umschlaggestaltung:
design cat GmbH

ISBN 978-3-86313-353-5

Bildnachweis:

Alamy: Accent Alaska.com 72, 127; Agencja Fotograficzna Caro 153; All Canada Photos 85, 94, 147-149; Andre Gilden 118; Arctic Images 56; Ariadne Van Zandbergen 156; Arterra Picture Library 159; BIOSPHOTO 84; Cavan 115; Design Pics Inc 60; Gaertner 145; Galaxiid 186-187; Hemis 156; imageBROKER 4, 80, 120; Jonatan Hedberg 52; louise murray 10, 11; Marcel Gross 83; Matias Sieppi 25; Mats Lindberg 81; mauritius images 62, 168, 173; National Geographic Image Collection 111; Nature Picture Library 76, 82, 112, 137; Nick Fox 124; P.A. Lawrence, LLC 63; Paul Andrew Lawrence 145; Paul Lee 123; Pierrette Guertin 128; Randy Green 128; RGB Ventures/Superstock 122, 151; robertharding 183; Roberto Moiola 24; Roger Johansen 114; shoults 118; stein liland 50, 51; Steve Morgan 169; Todd Mintz 95; Vadim Nefedov 32;

Dreamstime: Andrey Gudokv 10; Carolyn Morrison 29; Cosmin Manci 90; Dinozzaver 161; Erectus 41, 157; Fotoatelie 40; Grdenis88 163; Jacob Humphrey 16; Jim Cumming 87; Kushnirov Avraham 165; Laila Roberg 160; Lillian Tveit 158; Mady Macdonald 12, 13; Mathiasrhode 170; Maria Nelasova 188; Martinmark 146; Michal Balada 35, 154; Mustafanc 99; Oliver Foerstner 176, 177; Ondrej Prosicky 49, 66, 162; Outdoorsman 84; Paologozzi 47; photographerlondon 74; Pierrette Guertin 136; Porbital 69; Ronstik 25, 166; Senorrojo 8, 9; Sergei Karpukhin 55; Sergey Tikhomirov 103; Sergei Sharmakov 21; Sergey Uryadnikov 97; Sophia Granchino 18; Stein Egil Liland 44; Stephan Pietzko 125; Steve Allen 175; Tawatchai Prakobkit 34; Thanayu Jongwattanasilkul 43; Thomas Barrat 71; Twildlife 75; Vadim Nefedov 28, 140; Valerii Kadnikov 57; Vladimir Melnik 189; Vladimir Seliverstov 73;

GettyImages: AGF 127;Andy Mann Cover, 70; Brian J. Skerry 17; Chase Dekker Wild-Life Images 48; David Merron Photography 77; Dean Conger 134; Gordon Wiltsie 129; Keenpress 89; Kevin Gorton 42; Langevin Jacques 117, 131; Layne Kennedy 141; MB Photography 31; Natalie Forbes 116; Peter Orr Photography 109; Posnov 158; Sven Zacek 72; Sylvain Cordier 100; TASS 184;

Shutterstock: Accent Alaska.com 121; Adwo 142; Adellyne 38; Alexandra Kovaleva 182; Andrei Stepanov 104; Anette Holmberg 68, 69; Andrei Stepanov 98; BILD LLC 98; BMJ 15, 106; CherylRamalho 133; David Boutin 5, 6; Delpixel 167; DenisaPro 87; Dmitry Chulov 105; Dolores M. Harvey 111; Doptis 96; DyziO 155; Ed Dods 6; evgenii mitroshin 139; Fitawoman 93; Flystock 164, 164; Fotogenix 91; FotoRequest 92; Ginny Scholes 14; GROGL 152; GTW 58; Guitar photographer 37; J Riedel 121; James Gabbert 150; Jukka Jantunen 91, 110; Karl Umbriaco 101; Kyle T Perry 144; Lainea 20; Maksimilian 54; manuri_creative 3,5, 7, 8, 10-20, 22-29, 31-36, 39-43, 45-49, 51-56, 58-65, 67-104, 106-111, 113-115, 117-121, 123-136, 138, 139, 141, 143-149, 151, 153-164, 166, 167, 169-191; Maridav 26; Mark Medcalf 111; Martin Pelanek 88; Maximillian cabinet 54; MicheleB 171; MikhailSS 185; Nella 178; nenets 76, 130, 138; Olivier Juneau 107; Pavel L Photo and Video 119; Peter Krocka 79; Piotr Krzeslak 82; polarman 53; pritcher 132; Reimar 65; Rob Palmer Photography 102; RUBEN M RAMOS 18, 19; Sophia Granchinho 33, 139; tarmofoto 23; Thomas Hagenau 46; Tibor Chichakly 179; Txanbelin 108; Ulannaq Ingemann 27, 30; Vadim Nefedoff 126, 135, 171. 172; Vadym Lavra 180, 181; Vishnevsky Vasiy 99; Vivienstock 78; Warren Metcalf 86; Yongyut Kumsri 174